酿酒高粱科学种植技术问答

主　编　刘明慧　屈　洋　王可珍

西北农林科技大学出版社

图书在版编目(CIP)数据

酿酒高粱科学种植技术问答 / 刘明慧，屈洋，王可珍主编. — 杨凌：西北农林科技大学出版社,2021.8(2023.2重印)
ISBN 978-7-5683-0993-6

Ⅰ.①酿… Ⅱ.①刘… ②屈… ③王… Ⅲ.①高粱-栽培技术-问题解答 Ⅳ.①S514-44

中国版本图书馆 CIP 数据核字(2021)第169416号

酿酒高粱科学种植技术问答

刘明慧 屈洋 王可珍 主编

出版发行 西北农林科技大学出版社
地　　址 陕西杨凌杨武路3号　　邮　　编 712100
电　　话 总编室:029-87093195　　发 行 部 029-87093302
电子邮箱 press0809@163.com
印　　刷 陕西天地印刷有限公司
版　　次 2021年8月第1版
印　　次 2023年2月第3次印刷
开　　本 889mm×1234mm 1/32
印　　张 3.75
字　　数 100千字

ISBN 978-7-5683-0993-6

定价:15.00元

《酿酒高粱科学种植技术问答》

编委会

主　编：刘明慧　屈　洋　王可珍

副主编：杨清华　李文军　韩根锁　马　雯

编　撰：（按姓氏笔画排序）

马红战　寸红刚　王春绪　王秀学

王伟军　刘永斌　刘丽丽　朱　发

杨　璞　杨　浩　张华锋　苏占侠

李　尧　周　瑜　高小丽　罗　艳

高金锋　崔巍峰　康军科　雷锦飞

翟清华

审稿人：冯佰利　张　正　贾智勇

前言

高粱属禾本科一年生草本作物，是我国重要的旱地作物之一，主要分布在我国的东北、西北、西南等地，年播种面积 70 万～80 万公顷左右，总产 350 万吨左右，在我国农业产业结构调整中发挥着重要作用。

高粱喜温、喜光、抗旱、耐涝、耐瘠薄，用途广泛，粒用、饲用、糖用皆可。众所周知，高粱是酿造白酒的优质原料，我国的优质白酒基本上都是以高粱为主要原料酿制的。中国的白酒年产约 900 亿升，若全部用高粱原料酿造，年需高粱约 1 800 万吨。近年来，用于酿酒的粒用高粱发展迅速，订单种植、市场需求呈强劲态势，在东北、西北和西南等优势产区面积持续增加，已经成为脱贫攻坚和推进乡村振兴的重要经济作物。

农业发展的根本出路在于科技进步，促进农业农村优先发展和高质量发展也必然依靠科技进步。新形势下，农村劳动人口大量转移，农业生产措施弱化、生产管理粗放、过度使用农药和化肥的现象依然严重。近年来，农村新型经营主体异军突起，合作社、家庭农场、职业农民等高素质的农业生产队伍已初具规模，集约化、规模化、科技化和机械化成为未来农业生产的方向和趋势。

为了促进现代农业发展需要，强化科研与生产实践的结合，促进农业生产技术的深度推广、新型经营主体和职业农民的培育，使科技兴农落到实处。我们结合酿酒高粱产业的发展趋势，组织专家以及生产一线的科技人员编写了《酿酒高粱科学种植技术问答》。该书以问答的形式，通俗易懂的文字，讲解了100个具有很强针对性、突出性和可操作性的问题，旨在方便广大科技人员、种植大户、专业合作社、家庭农场以及从事酿酒高粱生产的企事业单位，应用农业科技、提高生产效率、降低生产成本和促进增产增收，为乡村振兴以及农业的高质量发展做出时代贡献。

本书在编写过程中得到了国家谷子高粱产业技术体系、陕西省小杂粮产业技术体系、西北农林科技大学、山西农业大学、辽宁省农业科学院、重庆市农业科学院、陕西省优质农产品质量安全中心、宝鸡市农业农村局、陕西西凤酒厂集团有限公司、凤翔县秦粮农业发展有限公司、岐山县绿地种植专业合作社等单位领导、专家和技术人员的大力支持和帮助，汇集和引用了各地高粱生产技术资料，在此表示衷心的感谢。

由于时间和水平有限，书中出现疏漏不足之处在所难免，敬请广大读者批评指正。

编　者

2021年5月

目录

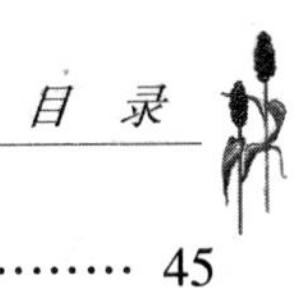

一

认识高粱

1. 高粱有哪些特点？

高粱［*Sorghum bicolor*（L.）Moench］又名蜀黍、芦粟、秫秫，英文名 sorghum，是世界五大谷类作物之一，也是中国最早栽培的禾谷类作物之一。高粱喜温、喜光、耐盐碱、耐瘠薄、较耐高温，属于短日照作物和 C_4 作物，具有独特的抗逆性和适应性，在平原、山丘、涝洼、盐碱地均可种植，属于高产稳产作物。高粱曾是我国北方地区的主要粮食作物之一，随着人民生活水平的提高，其食用的重要性有所下降，但仍然是部分地区人们不可缺少的食物之一。高粱广泛用于酿酒和酒精工业，我国的众多名酒一般都是以高粱为主要原料酿制而成。

2. 高粱的起源在哪里？

中国高粱又名蜀黍、桃黍、秫秫、芦粟、茭子、乌禾等，在我国有五千年以上的栽培历史。高粱是人类栽培最古老作物之一，而且是较早受到人工选择影响的作物之一。

关于高粱的起源和进化问题相对复杂。1882 年，Condolle 首次提出高粱起源于非洲，因为非洲是高粱种变异最多的地方。根据埃塞俄比亚存在的野生高粱、高粱栽培类型及生态型推断，埃塞俄比亚是高粱首要的起源中心，也是其多样性中心。关于中国高粱的起

源问题，多年来一直有不同的说法，主要有两种学说：一是外来学说，由东非经中东、南亚的印度，或“丝绸之路”传入中国，我国历史早期没有这种作物。对于“外来说”，中国学者也提出了类似看法，胡锡文指出高粱是外来的，认为在先秦和两汉的文献中，既无蜀黍的记载也无高粱的叙述。二是中国本土起源学说，最早苏联植物学家瓦维洛夫(Vavilov NI)根据高粱的独特性状和广泛用途，指出“高大之蜀黍为中国之原产”。20世纪50年代以后，中国陆续出土了一些重要高粱文物，许多学者结合考古发掘材料和甲骨文、金文等资料认为我国有可能是高粱的原产地之一，论定我国最早的高粱栽培可上溯至新石器时代，商、周时期继续栽培，两汉时期由中原传入东北。随着生物技术的发展，利用SSR分子标记法，分析了185个中国高粱地方品种和70个分别来自非洲、东亚、北美洲代表着不同类型的国外高粱种质资源的遗传多样性。结果表明，中国高粱与国外高粱遗传差异不明显，基本属于一个亲本系统，这是首次从分子水平研究中国高粱的起源，初步证实了中国高粱不是本土起源而是非洲起源。这一结论得到了考古学的证实，人类最早的食用高粱被发现于非洲莫桑比克一个溶洞的石器上面，距今已经有10.5万年。因此，许多研究者认为高粱原产于非洲，之后传入印度，再到远东。

3. 高粱有哪些营养价值和功效？

高粱籽粒中含有淀粉、蛋白质、脂肪、钙、磷、铁等微量元素和B族维生素等营养成分，是一种能提供人体营养成分的粗粮。据测定，每100 g高粱米中含有热量351 kcal，硫胺素0.29 mg，钙22 mg，蛋白质10.4 g，核黄素0.1 mg，镁129 mg，脂肪3.1 g，烟酸1.6 mg，铁6.3 mg，碳水化合物70.4 g，锰1.22 mg，膳食纤维4.3 g，维生素E 1.88 mg，锌1.64 mg，铜0.53 mg，胡萝卜素1.5 μg，钾281 mg，磷329 mg，维生素A 10.31 μg，钠6.3 mg和硒2.83 μg。

高粱米具有健脾、和胃、消积、温中、收敛固涩、止霍乱等功效。高粱具有收敛固涩的作用，可以用于治疗慢性腹泻。高粱米可以治

疗癞皮病、大便溏泻等病症。高粱还是制糖、制酒、造纸、饲用、编织加工的原材料。

4. 高粱主要生产国家有哪些?

高粱在世界上分布很广,主要种植在亚洲、非洲和美洲。全世界高粱年均种植面积 4 400 万公顷左右。世界上共有 100 多个国家种植高粱,其中美国、尼日利亚、埃塞俄比亚和印度为全球高粱的主要产地,年均生产高粱占全球的 45%左右。

中国是高粱的生产国和消费国,产量占全球高粱产量的 6%左右,居全球第 7 位,而中国高粱消费量却占全球高粱消费总量的 12.5%,居世界第一位。

5. 高粱在我国的种植面积有多少?

高粱是我国重要的旱地作物之一。1990—1999 年,全国高粱面积稳定在 130 万公顷,比 1985—1989 年年平均面积减少了 52 万公顷,但单产有了较大提高,平均每公顷达到 3 950 kg。1999—2001 年由于气候干旱、水资源短缺,高粱面积又开始回升。北方高粱产区各省(区)的种植面积变化大致如下:1980 年高粱面积超过 6.7 万公顷的省有 10 个,排在前 5 位的省有:辽宁、河北、黑龙江、山西、山东。每公顷产量超过 2 250 kg 的省有 6 个,其中辽宁省最高,为 4 125 kg,其次是山西和吉林,分别为 3 270 kg 和 2 895 kg。1990 年高粱面积超过 6.7 万公顷的省有 8 个,前 5 名依次是辽宁、山西、河北、黑龙江和内蒙古。1999 年高粱面积超过 6.7 万公顷的省有 6 个,前 5 名依次是辽宁、内蒙古、黑龙江、吉林和山西。1980 年以来,随着我国经济改革发展和加入 WTO,以及农业产业结构的调整,城乡居民生活水平的提高和膳食结构的改变,我国高粱生产形势发生了显著变化。

近五年来(2015—2019),依托酿造企业带动,高粱生产作为重要的工业原料供给蓬勃发展,平均播种面积 56.4 万公顷,年产 300

万吨左右。

6. 高粱主要种植在我国哪些省份?

不同省份高粱年均播种面积见表1、图1。其中,平均播种面积最大的省份是内蒙古(12万公顷左右),居第一位,占全国播种面积的21.4%;其次是吉林(10.5万公顷左右),居第二位,占全国播种面积的18.7%;再次是贵州(6.3万公顷左右),居第三位,占全国播种面积的11.1%。其他播种面积较大省份是黑龙江、四川、辽宁、山西、重庆、河南和陕西,占全国播种面积的38.6%。

表1 2015—2019年高粱年均播种面积主要省份

省份	播种面积(万公顷)	占全国播种面积比例(%)
内蒙古	12.1	21.4
吉林	10.5	18.7
贵州	6.3	11.1
黑龙江	4.6	8.1
四川	4.5	8.0
辽宁	4.1	7.3
山西	3.3	5.9
重庆	1.8	3.2
河南	1.8	3.2
陕西	1.6	2.9
合计	50.5	89.7
全国合计	56.4	100.0

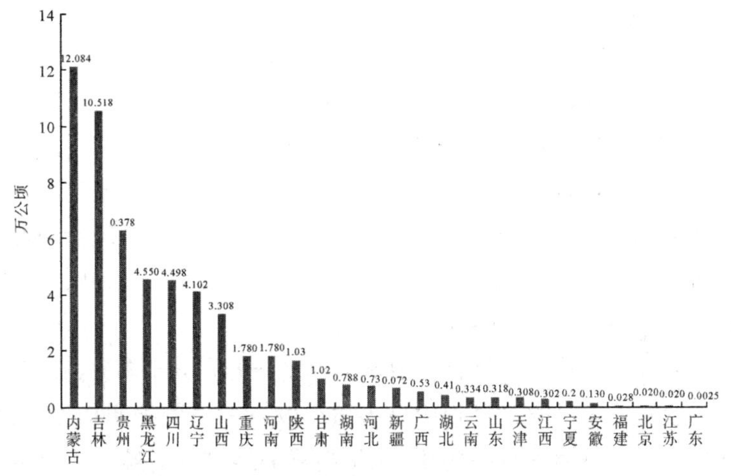

图 1　2015~2019 年不同省份高粱年均播种面积

近五年(2015—2019)东北地区平均播种面积最大的省份是吉林,播种面积 10.5 万公顷,占全国播种面积的 18.7%;华北播种面积最大的省份是山西,播种面积 3.3 万公顷,占全国播种面积的 5.9%;华中播种面积最大的省份是河南,播种面积 1.8 万公顷,占全国播种面积的 3.2%;华东播种面积最大的省份是山东,播种面积 0.3 万公顷,占全国播种面积的 0.5%;西南播种面积最大的省份是贵州,播种面积 6.3 万公顷,占全国播种面积的 11.1%;西北播种面积最大的省份是陕西,播种面积 1.6 万公顷,占全国播种面积的 2.9%。

7. 酒用高粱有什么特征?

(1)外观。籽粒大小一致,金黄色或褐色,无虫粒、破碎粒、霉烂粒。水分含量在 13%以下。

(2)高淀粉。淀粉是产生酒精的主要物质,同时也是霉菌和酵母的营养和能源。淀粉含量越多,出酒率越高。糯高粱直链淀粉含量低,支链淀粉含量高,有的几乎全为支链淀粉,维生素含量少,在发酵过程中易达到皮薄柔熟、玄清、收汗等工艺标准,且蒸粮之后,

籽粒裂口小,闷水时淀粉流失少,糖化效果好。

(3)蛋白质适中。蛋白质在白酒生产过程中,经曲霉菌水解后,可为酵母菌等微生物生长繁殖提供养分。蛋白质含量适当,有利于微生物生长,酶的活性增加;但含量过高,在发酵过程中,由氨基酸生成的杂醇油偏高,影响酒质。一般蛋白质含量以8%~10%为宜。

(4)低脂肪。酿酒高粱的脂肪含量过多,生成的高级脂肪酸较多,同时氧化分解出的醛类或酮类物质就多,导致酒有杂味,遇冷容易浑浊。一般脂肪含量4%左右为宜。

(5)单宁适中。高粱籽粒中单宁为复杂的高分子多元酚类化合物,适量的单宁对发酵过程中有害微生物有一定的抑制作用,且能生成丁香酸、醛类等芳香物质,赋予高粱酒特殊的香味。适宜的酒用高粱籽粒单宁含量为0.5%~1.5%。

8. 高粱酒为什么好喝?

高粱酒为什么好喝,这首先取决高粱的特点。高粱籽粒中含有丰富的淀粉,丰富淀粉适合酿酒且出酒率更高;高粱含有的脂肪和蛋白质含量比例是比较平衡的,其他粮食达不到这一标准。例如,玉米的脂肪含量较高,这样会导致用玉米酿造出来的酒杂味比较重,而用高粱酿造出来的白酒则会更加纯正。另外,高粱中还有适量的单宁,这样酿造出来的白酒更香。

其次是高粱酒的口感。高粱酒酒液清澈,没有什么杂质,口感烈而不辣,喝起来很纯正,酒后还可以回味酒的甘甜,所具有的酒香也是很特别的。

最后是名酒的影响。在一定程度上,名酒是会影响到高粱酒的形象,有不少名酒都是用高粱酿造而成的,比如说茅台、五粮液、西凤、汾酒、剑南春等名酒。

9. 北方酿酒工艺对高粱原料有什么要求?

北方高粱酒的酿造工艺以粳性高粱为主,其主要采用的酿酒高

粱品种有晋杂22、辽杂37、龙杂18等，企业以汾酒、西凤为主。清香型白酒对酿酒用高粱籽粒品质的要求为淀粉含量不小于65%（支链淀粉含量占淀粉总量不大于90%），蛋白质含量8%~10%，脂肪含量不大于4%，单宁含量0.5%~1.5%。

10. 南方酿酒工艺对高粱原料有什么要求？

南方高粱酒的酿造工艺多采用糯高粱为主要原料，其品种主要有红缨子、国窖红1号、红珍珠、青壳洋等，企业以茅台、五粮液、泸州老窖为主。对酒用原料的要求为粒小皮厚、淀粉含量高（支链淀粉含量较高）、单宁含量适中、耐蒸煮、耐翻造。一般要求糯高粱品种的籽粒淀粉含量不小于70%，支链淀粉占淀粉总量不小于90%，蛋白质含量7%~10%。同时，酱香型白酒对高粱原料单宁含量的要求要高于浓香型和清香型，一般要求在1.4%~1.7%。

11. 高粱籽粒化学组成与酿酒品质有什么关系？

不同的原料其出酒率和成品酒的风味也不相同。即使是同一种原料，因其成分的差异，酿出的成品酒也有区别，所以原料的成分与酿酒有密切的关系。原料中含有的淀粉或蔗糖、麦芽糖、葡萄糖等，在微生物和酶的作用下可发酵生成酒精。因此，淀粉（包括可发酵性糖）含量越高，出酒率也越高。此外，它们也是酿酒过程中微生物的营养物质及能源。碳水化合物中的五碳糖等非发酵性糖，在生产中不能生成酒精，有些在发酵过程中易生成糠醛等有害物质，因此这类物质含量越少越好。纤维素也是碳水化合物，但不能被淀粉酶分解，可起到填充作用，对发酵没有直接影响。在酿酒过程中，原料蛋白质经蛋白酶分解，可成为酿酒微生物生长繁殖的营养成分。一般情况下，当发酵培养基中氮含量合适时，曲霉菌丝生长旺盛，酵母菌繁殖良好，酶含量也高。此外，蛋白质的分解物可增加白酒的香气。例如，氨基酸在微生物作用下水解，脱氨基并释放二氧化碳，生成比氨基酸少一个碳的高级醇。但若蛋白质含量过高，易造成生酸多，妨碍发酵，影响产品风味。因此，原料中蛋白质含量要适当，不宜过多。酿酒原料中，脂肪含量一般较低，在发酵过程中可生成少量脂类。脂肪含量高，发酵过程中酸化快、幅度大。灰分为原料经炭化烧灼后的残渣，与酿酒关系不大。灰分中含有多种微量元素，这些元素在某种程度上与微生物的生长相关联，如灰分中的磷、硫、钙、钾等是构成微生物菌体细胞和辅酶的必需成分。单宁有涩味，具有收敛性，遇铁生成蓝黑色物质，使蛋白质凝固。因此，单宁对酿酒微生物的生长有害。但也有资料介绍，高粱中的少量单宁，在发酵过程中可生成丁香酸、丁香醛等香味物质。

12. 我国有哪些高粱名酒?

中国白酒，又称谷物蒸馏酒，因为绝大部分的谷物蒸馏酒都是以高粱为主，所以又俗称高粱酒。

50 年代的名酒：茅台酒、汾酒、泸州大曲酒、西凤酒。

60 年代的名酒：五粮液、古井贡酒、泸州老窖特曲、全兴大曲酒、茅台酒、西凤酒、汾酒、董酒。

70 年代名酒：茅台酒、汾酒、五粮液、剑南春、古井贡酒、洋河大曲、董酒、泸州老窖特曲。

80 年代名酒：茅台酒、汾酒、五粮液、洋河大曲、剑南春、古井贡酒、董酒、西凤酒、泸州老窖特曲、全兴大曲酒、双沟大曲、特制黄鹤楼酒、郎酒。

90 年代名酒：茅台酒、汾酒、五粮液、洋河大曲、剑南春、古井贡酒、董酒、西凤酒、泸州老窖特曲、全兴大曲酒、双沟大曲、特制黄鹤楼酒、郎酒、武陵酒、宝丰酒、宋河粮液、沱牌曲酒。其中，茅台酒、五粮液、洋河大曲、泸州老窖、汾酒、郎酒、古井贡、西凤酒、董酒、剑南春为中国十大名酒。

近年来，由于名酒队伍的不断壮大，中国白酒的香型，也从最初的酱香、清香、浓香和凤香四种香型发展到今天的十多种香型，消费者的选择范围也更广、更理性，纯粮酒、高品质、高性价比的酒，最受

消费者喜爱。

13. 高粱的生长发育对环境条件有何要求?

(1)温度。高粱种子萌发的最适温度为18~35℃,最低温度为8~12℃。生产上将土壤5 cm处地温达12℃时作为适时播种的温度指标。温度过高,苗高且细弱;温度过低,重者发生粉种,轻者幼苗生长缓慢。幼苗生长发育的最适温度为20~25℃,拔节孕穗期间适宜温度为25~30℃,抽穗开花期间适宜温度为26~30℃。温度过高能引起部分小穗的花粉干瘪失活,温度过低可造成颖壳不张开,花药不开裂,花粉量减少和开花期延迟。生育后期适宜日平均温度为20~24℃,日平均温度下降至16℃以下时,灌浆停止。

(2)光照。穗分化期间光照不足,主要影响穗粒数。孕穗期光照不足或阴雨连绵,可造成基部幼穗发育不良,出现“秃脖”现象。如籽粒灌浆期得到充足的光照,则粒重的增加可以弥补粒数的减少。生育后期功能叶片的机能日益衰退,需要较高的光照强度来维持较高的光合速率。

(3)水分。高粱具有较强的抗旱能力,不仅能抗土壤干旱,也能抗大气干旱。高粱也具有耐涝性,且在孕穗期耐涝性最强。虽然高粱具有抗旱的特点,但正常的生长发育也需要一定水分的供应。苗期生长缓慢,需水量较少。拔节期到孕穗期需水量最大,如遇干旱会影响植株生长和幼穗分化。孕穗期到开花期水分不足会造成“卡脖旱”,是高粱需水临界期。灌浆期如遇干旱会影响干物质积累,降低粒重。全生育期降水量400~500 mm,分布均匀,可满足高粱的生长需要。

(4)土壤。高粱对土壤的适应范围较广,能在多种土壤上生长。但要使高粱生育良好,达到高产稳产,必须具备土层深厚、土质肥沃、有机质丰富、结构良好的土壤条件。高粱具有一定的耐盐碱能力。对土壤pH适应范围为5.5~8.5,最适pH为6.2~8.0。

14. 高粱的根有什么特点?

高粱根系由初生根和永久根组成。永久根又分次生根和支持根(气生根)两种。初生根、次生根和支持根上又可长出很多侧根,形成发达的根系。当高粱植株长到6~8片叶时,根系入土深度通常可达100~150 cm,完全长成的根系入土深度可达180 cm以上。高粱根系主要分布在30 cm土层,这些根系的吸收能力最强。

高粱初生根由胚根发育形成,只有1条。在次生根形成之前,种子根的作用很重要,它能保证最初10~15天内幼苗生长所需水分、营养物质的吸收和运输。当次生根长出后,种子根的作用逐渐减弱,以至消失。当幼苗长出3~4片叶时,从地下茎节上依次长出次生根。次生根从产生到成熟一直起着吸收水分营养的作用,因此次生根又称永久根。抽穗之后,在茎基部的1~3节上还生有支持根。支持根开始暴露于空气中,表皮角质化,含胶质,有时含叶绿素,呈淡绿色。支持根厚壁组织发达,支撑能力强,特别是入土中的支持根,可增强植株抗倒能力。

15. 高粱的茎有什么特点?

高粱茎秆绝大多数为直立的,呈圆筒形,表面光滑。高粱茎秆高度变异幅度很大,从0.45~5.00 m。高粱茎秆的粗度是不同的,茎基部直径在0.5~3.0 cm的范围内。

高粱茎秆由节和节间组成,一般早熟品种10~15节,中熟品种16~20节,晚熟品种20节以上,极晚熟品种30节以上。同一品种因光照长度和栽培条件的变化节数不同。同一株上的各节间长度亦不相同,一般是基部的节间短,越往上越长,最长的节间是着生高粱穗(花序)的穗柄。

高粱茎秆是实心的,髓是坚实多汁的,无味或有甜味,髓也可以是干燥的(成熟时)。一般来说,中国高粱为干燥型茎秆,外国高粱多为多汁型茎秆。

16. 高粱的叶有什么特点?

高粱叶片一般呈披针形或呈直线披针形,由叶片、叶鞘及其相连的节结和着生于叶结上的叶舌组成。叶的两面有单列或双列气孔,叶上有多排运动细胞,在干旱条件下,这些细胞能使叶片向内卷起。叶片在茎秆上的排列不完全一样,多数高粱的叶片按 2 排在茎秆的相对位置交替排列,即互生叶片;也有相当多的品种叶片两排排列不是在相对位置上,而是按一定角度互相排列。

高粱叶鞘着生于茎节上,边缘重叠,几乎将节间完全包裹。这些叶鞘在连续节上交替环绕。叶鞘长度不同,在 15~35 cm 之间。叶鞘是光滑的,有平行细脉,有一精细的脊,这是由于与主叶脉互相接近所致。拔节后叶鞘常有粉状蜡被,特别是上部叶鞘。当这种蜡被积淀很重时,叶鞘则表现青白色。在与节连接的叶鞘基部上有一带状白色短茸毛。叶鞘有防止雨水、病原菌、昆虫及尘埃为害茎秆和加固茎秆增加强度的作用。

高粱叶舌是叶片和叶鞘交接处的膜状薄片。叶舌较短小,为直立状突出物,长 1~3 cm。叶舌起初透明,后变为膜质并裂开,叶舌上部的自由边缘有纤毛。

17. 高粱的花有什么特点?

高粱的穗为圆锥花序,着生于穗柄的顶部。穗中间有一明显的直立主轴,即穗轴。穗轴有棱,由 4~10 节组成,一般生长细茸毛。从穗柄长出第一级枝梗,通常每节轮生长出 5~10 个。从第一级枝梗再长出第二级枝梗,有时还长出第三级枝梗,小穗着生在第二、第三级枝梗上。由于各级枝梗长短、软硬和小穗着生疏密程度不同,可将高粱穗分为紧穗、中紧穗、中散穗和散穗四种类型。

高粱圆锥花序成对着生小穗,每对中一个是无柄小穗(可育的),另一个是有柄小穗(雄性可育或不育)。无柄小穗有 2 个颖片,形状呈卵形、椭圆形、倒卵形等,颜色有红、黄、褐、黑、紫、白等,亮度多数发暗,少数有光泽。下方的颖片称为外颖,上方的颖片称为内颖,其长度几乎相等,一般是外颖包着内颖的一小部分。有柄小穗位于无柄小穗的一侧,形状细长,常常只由两个颖壳组成,有时有稃。

高粱无柄小穗里有两朵小花,较上面的一朵花发育完好为可育花,较下面的不育为退化花,只有一个稃组成,形成一个宽的、膜质的、有缘毛的相当平的苞片。可育小花有一外稃和内稃,均是膜质,外稃较大,内稃小而薄。在内外稃之间有3枚雄蕊和1个雌蕊。雄蕊由花丝和花药组成。花丝细长,顶端生有2裂4室筒状花药,中间有药隔相连。雌蕊由子房、花柱、柱头组成,居小花中间。子房上位卵圆形,上侧方有2个长花柱,末端为羽毛状柱头,它可分泌黏液以利授粉。

18. 高粱的果实有什么特点?

高粱成熟种子的结构可分果皮、种皮、胚乳和胚4部分。果皮就是由子房壁发育来的,包括外果皮,中果皮和内果皮。种皮沉积的色素以花青素为主,其次是类胡萝卜素和叶绿素。一般淡色种子花青素很少或没有。种皮里还含有另一种多酚化合物——单宁。种皮里的单宁既可以渗到果皮里使种子颜色加深,也可渗入胚乳中使之发涩。胚乳中的淀粉分为直链淀粉和支链淀粉。直链淀粉能溶于水,支链淀粉不溶于水。一般粒用高粱品种直链淀粉与支链淀粉之比为3:1,称为粳型。蜡质型胚乳几乎全由支链淀粉组成,也称为糯高粱。胚位于籽粒腹部的下端,稍隆起,呈青白半透明状,一般为淡黄色。

19. 高粱需水有何特点?

土壤含水量15%~20%时即可播种。苗期需水量占全生育期总需水量的8%~15%。土壤含水量以田间最大持水量的50%~65%时最为适宜。在幼苗期适当控制土壤水分,有利于营养器官的合理建

成。拔节孕穗期需水量占全生育期总需水量的33%~35%。抽穗开花期需水量占全生育期总需水量的22%~32%，此时缺水使不育花数增多，花粉和柱头的生活力降低，受精不良。抽穗期水分过多，往往会造成穗下部分枝和小穗退化。高粱对水分的敏感性依次为：拔节孕穗期>抽穗开花期>灌浆成熟期。灌浆期一旦发生干旱，会导致籽粒产量下降。灌浆后期，土壤水分过多将会引起贪青晚熟，甚至遭受霜害。

20. 高粱需肥有何特点？

从生育初期开始，磷素就对植株的生长发育如株高、出叶速度和叶面积产生明显影响，充足的磷素供应使单株叶面积、单株鲜重、根数和株高都明显增多。拔节孕穗期间是养分吸收速度最快、吸收数量最多、肥料利用率最高的时期，是第一个吸肥高峰期。在拔节（穗分化开始）时追施氮肥，效果最佳。氮、磷、钾三种元素供应良好时，有利于最终形成较多的籽粒产量。生育后期充足的氮素有助于维持和延长功能叶面积的同化时间，也有助于提高籽粒的蛋白质含量。籽粒灌浆期，充足的磷素有利于干物质的转运、转化和积累。

21. 高粱为什么具有抗旱、耐涝的特点？

高粱根系发达，土壤中分布广、入土深，且细胞渗透压强，因此对土壤水分的吸收能力强。高粱拔节后的节间表面覆盖着白色蜡粉，下部节间蜡粉更多，甚至可掩盖住茎秆固有的颜色。蜡粉是表皮细胞分泌物，它既可防止或减少体内水分蒸发，又可防止外部水分渗入，是高粱增强抗旱、耐涝能力的重要生理构造之一。

22. 高粱有哪些主要病害？

高粱的主要病害包括高粱大斑病、高粱靶斑病、高粱炭疽病、高粱茎腐病、高粱黑穗病、高粱纹枯病等。各病害的主要为害症状如下：

(1)高粱大斑病。主要为害叶片,叶片上病斑长梭形,中央浅褐色至褐色,边缘紫红色,早期可见不规则的轮纹,大小(20~60)mm×(4~10) mm,后期或雨季叶两面生黑色霉层,即病原菌子实体。一般从植株下部叶片逐渐向上扩展,雨季湿度大扩展迅速,常融合成大斑,导致叶片干枯。常温多雨的年份易流行,导致高粱大面积翻秸。

(2)高粱靶斑病。高粱的叶片、叶鞘受害,产生叶斑或叶枯,严重时病株叶片自下而上逐渐发病枯死,造成减产。病株叶片上初生淡紫红色小斑点,后扩大成为卵圆形、椭圆形或长椭圆形病斑,长径可达1~2 cm。病斑中心有一个明显的褐色或紫红色坏死点,周围黄褐色。病斑边缘紫红色或深褐色,整个病斑外形类似打靶的“靶环”,因而被称为“靶斑病”。高温多雨适于靶斑病流行,高粱品种间抗病性差异明显。

(3)高粱炭疽病。从苗期到成株期均可染病,苗期染病为害叶片,导致叶枯,造成高粱死苗。叶片染病病斑梭形,中间红褐色,边缘紫红色,病斑上现密集小黑点,即病原菌分生孢子盘。炭疽病多从叶片顶端开始发生,大小(2~4)mm×(1~2)mm,严重的造成叶片局部或大部枯死。叶鞘染病病斑较大,椭圆形,后期也密生小黑点。高粱抽穗后,病菌还可侵染幼嫩的穗颈,受害处形成较大的病斑,其上也生小黑点,易造成病穗倒折。此外还可为害穗轴和枝梗或茎秆,造成腐烂。中国北方高粱产区炭疽病发生早,7~8 月份气温偏低、雨量偏多可流行为害,导致大片高粱早期枯死。

(4)高粱茎腐病。高粱茎腐病表现为整个植株所受的侵染型病害,一般从高粱灌浆期便开始发生,在接近成熟时达到盛期。茎腐病病菌从高粱根系侵入,而后在整个植株体内蔓延扩展。症状表现为根系全面坏死变为淡褐色及暗褐色,在雨后转晴时更为明显。症状表现主要分为茎叶青枯、茎基腐烂和果穗腐烂。茎叶青枯是指传染病菌由高粱根部到茎秆部分逐渐扩展,而后经过侵染导致全株呈

青枯症状,而由于雨后阳光突然转晴的原因,也有可能导致一些植株从乳熟末期至成熟期急剧骤然青枯。茎基腐烂是指由于植株的根部发育不良,导致根茎内部空心且出现暗黑色变软腐烂的现象,导致植株不稳,一旦遭遇风吹就容易折断。果穗腐烂是指遭遇茎基腐病的果实逐渐变柔软,果穗内部的果实排列十分松散不饱满,慢慢生长逐渐坏死。在病田连作、土壤带菌量高以及养分失衡、高氮低钾时发病较重。早播比适期晚播发病重。高粱品种间病情有一定差异,有抗病品种和中度抗病品种,但缺乏高抗品种。

(5)高粱黑穗病。高粱黑穗病一般有3种,分别为丝黑穗病、坚黑穗病、散黑穗病,比较常见的是丝黑穗病。丝黑穗病在抽穗后症状明显,病株一般较矮。抽穗前,病穗的下部膨大苞叶紧实,内有白色棒状物,抽穗后散出大量黑粉。散黑穗病一般为全穗受害,但穗形正常,籽粒却变成长圆形小灰包,成熟后破裂,散出里面的黑色粉末。坚黑穗病通常全穗籽粒都变成卵形的灰包,外膜坚硬,不破裂或仅顶端稍裂开,内部充满黑粉。高粱丝黑穗病通过种子和土壤传病,主要是土壤传染,厚垣孢子在土内存活3年左右,在高粱种子露白尖到芽长1.0~1.5 cm时,侵染高粱幼芽。高粱散黑穗、坚黑穗病菌主要是以厚垣孢子在种子表面附着,带病种子播种后,病菌与种子同时发芽,侵入寄主组织。病菌侵入后,菌丝蔓延到幼苗生长锥,以后随着植株生长点向上生长而伸长,最后在穗部形成冬孢子。

(6)高粱纹枯病。主要为害叶鞘,也可为害叶片。发病后在近地面的茎秆上先产生水浸状病变,后叶鞘上产生紫红色与灰白色相间的病斑。在生育后期或天气多雨潮湿条件下,病部生出褐色菌核。该病也可蔓延至植株顶部,对叶片造成为害。发病重的植株提早枯死。茎基部叶鞘染病,初生白绿色水浸状小病斑,后扩大成椭圆形、四周褐色、中间较浅的病斑。叶片染病呈灰绿色至灰白色云状斑,多数病斑融合成虎斑状,致全叶枯死。湿度大时叶鞘内外长出白色菌丝,有的产生黑褐色小菌核。播种过密、施氮过多、湿度大、连阴雨多时易发病。主要发病期在高粱性器官形成至灌浆充实期，苗期和生长后期发病较轻。

23. 高粱有哪些主要虫害?

高粱虫害主要包括高粱蚜虫、玉米螟、高粱条螟、桃蛀螟、棉铃虫、黏虫、地老虎、蝼蛄、蛴螬等。各虫害的主要为害症状如下：

(1)高粱蚜虫。高粱蚜在高粱整个生育期均可为害，集聚在高粱叶背刺吸植株汁液。初发期多在下部叶片为害，逐渐向上部叶片扩散。受蚜虫为害后，叶背布满虫体，并分泌大量蜜露，滴落在叶面和茎秆上，油亮发光。蜜露覆盖叶片影响植株光合作用，且易引起霉菌寄生，致被害植株长势衰弱，发育不良。还会使叶片变红、枯黄，小花败育，穗小粒少，产量与品质下降。此外，蚜虫还可传播高粱矮花叶病毒，对产量影响较大。高粱蚜虫发育最适温度为 24～28℃、湿度为 60%～70%。若 6～7 月份降水量在 20 mm 以下，则有可能大发生。

(2)玉米螟。高粱孕穗之前，幼虫集中于新叶为害。最初表现为许多白色的小斑点，以后产生大而不规则的伤痕，形成花叶。较大的幼虫钻蛀叶卷，叶片展开后表现为横排连珠孔。如一株上有多头玉米螟，心叶会被咬得支离破碎致使叶片不能展开亦不能正常抽穗，植株生长迟缓，上部节间缩短。在高粱生育后期，主要为害穗颈和茎秆，其蛀入部位多在穗颈中部或茎节处。蛀孔外部茎秆和叶鞘也出现红褐色。植株容易倒折，影响灌浆和籽粒成熟。

(3)高粱条螟。低龄幼虫在心叶内蛀食叶肉，只剩表皮，呈窗户纸状；龄期增大则咬成不规则小孔或蛀入茎内取食为害，有的咬伤生长点，使高粱形成枯心状，茎秆易折。被害越重，植株越矮。茎秆中、上部蛀孔较多，被害处上面的节间缩短。

(4)桃蛀螟。桃蛀螟以幼虫为害为主，第 2 代幼虫为害高粱。为害高粱时，成虫把卵产在高粱秆、粒及颖壳上。初孵幼虫开始蛀食青米，排出粉红色细小粪屑。一个高粱穗上常有多头桃蛀螟为

害，严重时整个穗被蛀食，没有产量。

(5)棉铃虫。1~2龄幼虫主要为害花序，造成籽粒不实；3龄后幼虫开始钻蛀穗，造成结实不良，籽粒破碎，加重穗腐病发生。一般发生年份减产5%~15%，重发年份减产50%~70%，严重地块甚至绝收。

(6)黏虫。初龄幼虫一般仅啃食高粱叶肉而残留表皮，形成半透明的小条斑，或仅在叶片上咬成小缺口。随着幼虫的增长，缺口逐渐地增多和加大。严重为害或大发生时，高粱叶片常被吃光只剩下叶脉，甚至全株被吃光。

(7)地老虎。初龄幼虫取食高粱顶心和嫩叶。被咬食的叶片呈半透明的白斑或小洞。3龄以后常在距离地面1~2 cm处将幼苗咬断，并将咬断的幼苗拖进土穴中作为食料。咬断的地方，常依幼苗的高度及老嫩而异，如苗小茎嫩，则靠近地面咬断，苗大而坚硬时，幼虫则攀登苗上咬断嫩部。地老虎的危害常造成严重的缺苗和断垄。

(8)蝼蛄。蝼蛄在地下啃咬刚播或发芽的高粱种子，也咬食幼根和嫩茎。在地面活动时常将幼苗接近地面的嫩茎咬断或咬成乱麻状，致使幼苗萎蔫死亡。在表土层穿行隧道，使幼苗和土壤分离，失水干枯而死亡。在播后镇压的被害农田中，隧道呈现纵横交错状，而播后不进行镇压的农田中，大部分为顺垄排列。

(9)蛴螬。幼虫为害高粱时，主要取食地下部分。如萌发的种子嫩根、残留种皮、根颈等，尤其喜食柔嫩多汁的根颈部分，致使幼苗枯萎死亡。也有的从根颈中部或分蘖节处咬断，将种皮等地下部分食尽后再转株为害。成虫多取食高粱叶片，初呈缺刻状，严重时吃掉部分或大部分乃至全部叶片，使植株枯萎死亡。

24. 高粱农田有哪些主要杂草？

高粱生产田常见杂草种类较多，其中禾本科杂草主要有马唐、牛筋草、稗草、狗尾草；阔叶杂草主要有马齿苋、反枝苋、铁苋、凹头

苋、藜、小藜、打碗花、牵牛等。高粱田主要杂草的特征如下:

(1)马唐。株高40~100 cm,茎秆基部倾斜,着地后易生根,光滑无毛。叶鞘大都短于节间,无毛或散生疣基柔毛;叶舌膜质,先端钝圆,叶片条状披针形,两面疏生软毛或无毛。总状花序3~10枚,指状排列或下部轮生。小穗通常孪生,一有柄,一近无柄。第一颖微小,第二颖长约为小穗的一半或稍短,边缘有纤毛。第一颖外稃与小穗等长,具5~7脉,脉间距离不均,无毛;第二外稃边缘膜质,覆盖内稃。带稃颖果椭圆形,淡黄色或灰白色。花果期6~9月。

(2)狗尾草。秆疏丛生,株高20~60 cm,直立或倾斜。叶鞘松弛光滑,鞘口有柔毛。叶舌退化成一圈1~2 mm长的柔毛。叶片条状披针形。花序圆锥状呈圆柱形,直立或微弯曲。小穗椭圆形,长2~2.5 mm,2至数枚簇生,成熟后与刚毛分离而脱落;第一颖卵形,约为小穗的1/3长,第二颖与小穗近等长。第一外稃与小穗等长,具5~7脉。颖果近卵形,腹面扁平。

(3)牛筋草。须根较细而稠密,为深根性,不易整株拔起。秆丛生,基部倾斜向四周开展,高15~90 cm。叶鞘压扁,有脊,无毛或生疣毛,鞘口常有柔毛。叶舌长约1 mm。叶片扁平或卷折,长约15 cm,宽3~5 mm,无毛或表面常被疣基柔毛。穗状花序2至数个呈指状簇生于秆顶。小穗含3~6朵小花。囊果,果皮薄膜质,白色,内包种子1粒。

(4)稗草。茎秆光滑,株高40~120 cm,条形叶,宽5~14 mm,无叶舌。圆锥花序尖塔形,较平展,直立粗壮,长14~18 cm,主轴具棱,有10~20个分枝,长3~6 cm,分枝为穗形总状花序,并生或对生于主轴。颖果椭圆形,长2.5~3.5 mm,凸面有纵脊,黄褐色。

(5)马齿苋。全株光滑无毛,茎自基部分枝,平卧或先端斜上。叶互生或近对生,柄极短或近无柄。叶片倒卵形或楔状长圆形,全缘。花3~5朵,簇生枝顶,无梗,苞片4~5枚,膜质,萼片2枚。花瓣黄色,5枚。蒴果圆锥形,盖裂。种子肾状卵形,黑褐色。

(6)反枝苋。茎直立,高 20~80 cm,粗壮,有分枝,稍显钝棱,密生短柔毛。叶互生,有长柄。叶片菱状卵形,先端微凸或微凹,具小芒尖,边缘略显波状,叶脉突出,两面或边缘有柔毛,叶背灰绿色。花序圆锥状顶生或腋生,花簇多刺毛。苞片或小苞片干膜质。花被白色,被片 5 枚,有 1 条淡绿色中脉。胞果扁球形,包裹在宿存的花被内,开裂。种子倒卵形至圆形,略扁,表面黑色,有光泽。

(7)藜。株高 60~120 cm,茎直立,多分枝,有条纹。叶互生,具长柄;基部叶片较大,多呈菱状或三角状卵形,边缘有不整齐的浅裂齿;上部叶片较窄狭,全缘或有微齿,叶背均有粉粒。花序圆锥状,由多数花簇聚合而成。花两性,花被黄绿色,被片 5 枚。种子横生,双凸镜形,直径 1.2~1.5 mm,黑色。

(8)小藜。植株较矮小,高 20~50 cm,茎直立,茎中下部的叶片为长圆状卵形。叶片近基部有 2 个较大的裂片。花序圆锥状,由多数花簇聚合而成。花两性,花被淡绿色,被片 5 枚。种子横生,直径约 1 mm,圆形,双凸镜状,黑色。

(9)打碗花。具地下横走根状茎。茎蔓状,多姿基部分枝,缠绕或平卧,有细棱,无毛。叶互生,有长柄。基部叶片长圆状心形,全缘,上部叶片三角状戟形,侧裂片开展,通常 2 裂,中裂片卵状三角形或披针形,基部心形,两面无毛。花单生于叶腋。苞片 2 枚,宽卵形,包住花萼,宿存。萼片 5 枚,长圆形。花冠粉红色,漏斗状。蒴果卵圆形,种子倒卵形。

25. 高粱连作为啥会减产?

高粱不宜连作,连作造成减产的原因有:

(1)高粱吸肥能力强、需肥量多,对土壤结构破坏较大。

(2)连作之后病虫害加重,特别是丝黑穗病和地下害虫发病率明显增加。适宜的前茬作物是大豆、玉米、蔬菜等。

26. 高粱可分为几种类型?

高粱按株高可分成不同等级,100 cm 以下为特矮秆,101~

150 cm 为矮秆,151~250 cm 为中秆,251~350 cm 为高秆,351 cm 以上为特高秆。

高粱籽粒习惯上称为种子,属颖果。成熟的种子其大小是不一样的,一般用千粒重来表示。千粒重在 20.0 g 以下为极小粒品种;20.1~25.0 g 为小粒品种;25.1~30.0 g 为中粒品种;30.1~35.0 g 为大粒品种;35.1 g 以上为极大粒品种。

27. 高粱有何用途?

根据用途不同,可将高粱分为以下 4 类。

(1)粒用高粱。粒用高粱以获取籽粒为目的,茎秆高矮不等,分蘖力较弱,穗密而短。茎内髓部含水量少。籽粒品质较佳,成熟时,常因籽粒外露而较易脱落。按照籽粒淀粉的性质不同,可分为粳型和糯型。

(2)糖用高粱。糖用高粱茎高,分蘖力强,茎内富含汁液,随着籽粒成熟,茎秆的含糖量一般可达 8%~19%。茎秆节间长,主叶脉显蜡质。籽粒小,品质欠佳。甜高粱茎秆可用于制糖和乙醇,被认为是有广泛发展前途的新型生物能源作物。

(3)帚用高粱。帚用高粱穗大而散,通常无穗轴或穗轴极短,侧枝发达而长,穗下垂。籽粒小并由护颖包被,不易脱落。

(4)饲用高粱。饲用高粱茎秆细,分蘖力和再生能力强,生长势旺盛。穗小、籽粒有稃、品质差。茎内多汁、含糖量高,是牛、羊的良好饲料。

28. 高粱可以移栽吗?

育苗移栽在我国高粱各产区都有应用,是一项有效的辅助性增产措施。移栽可以解决高粱大田生育期不足的矛盾,消除无霜期较短地区、海拔较高地区、气温偏低地区种植高粱积温不足的障碍。移栽时选用壮苗,使移栽后植株生长健壮整齐。移栽高粱还具有蹲苗、抗倒伏的作用,且能相对增加总有效积温,缩短在大田中的生育

时间，可正常成熟并增加产量。在生产实践中，主要采用的是杂交高粱和熟期较晚、经济价值高的高粱品种的育苗移栽。因为这样能够保证新苗整齐、密度合理和长势旺盛。杂交高粱种子由于根茎短、芽鞘软、顶土能力弱，直播往往出苗不全或大小苗不匀。采取苗床育苗，由于面积小，播种、管理都比较精细，易取得全苗。移栽时又经人为分级、分栽、分管，可保证大面积生产的适宜密度和获得齐、匀、壮苗。

高粱移栽后的缓苗阶段，有蹲苗的作用。通常情况下，高粱育苗移栽的植株比种子播种的植株矮 30 cm 左右，茎粗增加，整个植株的抵抗能力有明显的增强。育苗移栽还能减少用种，通常 0.5 kg 杂交高粱种子约有 17 000～18 000 粒。采用种子播种的方法，则每公顷用量约 15.0～22.5 kg，移栽每公顷仅用 5.25 kg 左右即可保证有效株数。育苗移栽节约了种子萌发出土的时间，在无霜期短、有效积温不足的地区，可提早成熟 16～20 天，提高产量 16%～20%，最高可达到 50%。

虽然高粱育苗移栽生产技术具有使植株健壮、节约种子、促进早熟和提高产量的作用，但是育苗移栽的方法比较繁琐、机械化程度不高，付出的劳动强度大。因此，这种育苗移栽生产技术普及率不是很高。

29. 高粱可以再生吗?

高粱每个节间纵沟基部都生有腋芽，特别是茎基部，由于节间短，腋芽分布更为集中。当高粱收割，掐穗或因受病虫害、机械损害主茎或主穗不能发育时，这时具有较强萌发能力的茎基部或上部腋芽，很快就能萌发，长出新的植株或分枝，并能在适宜的条件下生长发育，抽穗成熟，再收一季或两季。因此，高粱是可以再生的。

30. 高粱的产量潜力如何?

高粱的生产水平较高，一般每公顷产 6 000 kg 左右。随着农业

技术、杂交品种的普及和种植户科学文化素质的提高,高粱的生产水平提高明显。在良种良法配套的情况下,春播早熟区,一般每公顷产能达到 7 500 kg,不少地方每公顷产量超过了 10 500 kg。春播晚熟区,一般每公顷单产 9 000 kg 左右,高产示范田每公顷甚至超过了 13 500 kg,辽杂 6 号和辽杂 10 号曾创造平均每公顷单产 13 684. 5 kg 和 15 345 kg 的单产记录。春夏兼播区,在良种良法配套下,一般夏播每公顷单产可达 7 500 kg,高产栽培条件下最高每公顷单产达到 10 500 kg 左右。

31. 高粱引种应注意哪些问题?

高粱为短日照作物,从南往北引种时,品种生育期会延长,延迟成熟;从北往南引种时,生育期缩短,提早成熟。因此,高粱引种时应注意以下问题:

(1)明确引种目标,弄清本地需要什么样的高粱品种;

(2)引种通过国家非主要农作物品种登记委员会登记的且适合本地种植的高粱品种;

(3)从气候相似的地区间相互引种;

(4)经过 2~3 年的鉴定后再推广种植;

(5)掌握新品种在本地区的栽培要点。

32. 什么是无公害高粱?

无公害农产品是指生产基地水质、土壤、环境质量达到国家规定的无公害标准,按照特定的生产技术规程生产,将有毒有害物质含量控制在规定标准内,并由授权部门审定批准,允许使用无公害农产品标志的安全、优质、面向大众消费的初级农产品及其加工产品。无公害高粱生产,要求选择环境优良的地区作为生产基地,在生产过程中注重环境不受破坏,合理施入化肥和农药,同时接受相关部门的监督。

33. 什么是绿色高粱?

绿色农产品是遵循可持续发展原则,按照特定生产方式生产,经专门机构认定、许可使用绿色食品标志的无污染的农产品。它在生产方式上对农业以外的能源采取适当的限制,以更多地发挥生态功能的作用。绿色高粱产地环境质量需要符合国家有关行业标准要求,严格限制化学物质的使用,产品必须符合绿色食品的要求。

34. 什么是有机高粱?

有机食品或称有机农业产品、生态食品、生物食品或自然食品等,是指来自有机农业生产体系的食品,根据国际有机农业生产要求和有机食品标准规定的生产管理过程进行生产加工的,并通过独立的有机食品认证机构认证的可食用农副产品及其加工品。有机高粱需要按照有机食品生产的基本要求,严格限制产地环境、种子选择、田间管理方式、收运、贮藏等管理措施,建立生产记录档案,在数量上进行严格控制,按要求定地块、定产量。

种植环境

35. 高粱高产需要什么样的土壤?

土壤条件是高粱高产的基础,高粱高产要求土壤水分含量适度,土壤疏松,上虚下实,呈小团聚体状态,无大块也不成单粒状,土壤总孔隙度55%~60%,土壤毛管与非毛管孔隙比例1:0.5,非毛管孔隙占土体总容积的10%以上,土壤容重1.05~1.30 g/cm^3。一般认为具有大量直径2~3 mm,或具有1~10 mm范围内的水稳性团粒土壤肥力较高。

36. 高粱绿色生产对环境条件有什么要求?

(1)土壤环境的要求。酿酒高粱绿色生产对土壤环境质量有明确的要求,见表2。

表2　土壤质量要求　　单位:mg/kg

项目	旱田			水田		
	pH<6.5	6.5≤pH≤7.5	pH>7.5	pH<6.5	6.5≤pH≤7.5	pH>7.5
总镉	≤0.3	≤0.3	≤0.4	≤0.3	≤0.3	≤0.4
总汞	≤0.25	≤0.3	≤0.35	≤0.3	≤0.4	≤0.4
总砷	≤25	≤20	≤20	≤20	≤20	≤15

续表

项目	旱田			水田		
	pH<6. 5	6. 5≤pH≤7. 5	pH>7. 5	pH<6. 5	6. 5≤pH≤7. 5	pH>7. 5
总铅	≤50	≤50	≤50	≤50	≤50	≤50
总铬	≤120	≤120	≤120	≤120	≤120	≤120
总铜	≤50	≤60	≤60	≤50	≤60	≤60

注1. 果园土壤中铜限量值为旱田中铜限量值的 2 倍。

2. 水旱轮作的标准值取严不取宽。

3. 底泥按照水田标准执行。

(2)灌溉水质的要求。酿酒高粱绿色生产对农田灌溉水质也有明确的规定,见表 3。

表 3　农田灌溉水质要求

项目	指标
pH	5. 5~8. 5
总汞,mg/L	≤0. 001
总镉,mg/L	≤0. 005
总砷,mg/L	≤0. 05
总铅,mg/L	≤0. 1
六价铬,mg/L	≤0. 1
氟化物,mg/L	≤2. 0
化学需氧量(COD),mg/L	≤60
石油类,mg/L	≤1. 0
粪大肠菌群[a],个/L	≤10 000

a:灌溉蔬菜、瓜菜和草本水果的地表水需测粪大肠菌群,其他情况不测粪大肠菌群。

(3)大气环境质量的要求。酿酒高粱绿色生产对大气环境质量有明确的规定,见表4。

表4　空气质量要求

项目	指标	
	日平均[a]	1小时[b]
总悬浮颗粒物,mg/m³	≤0.30	~
二氧化硫,mg/m³	≤0.15	≤0.50
二氧化氮,mg/m³	≤0.08	≤0.20
氟化物,μg/m³	≤7	≤20

a:日平均指任何1日的平均指标。

b:1小时指任何1小时的指标。

37. 高粱无公害生产对环境条件有什么要求?

(1)土壤环境的要求。酿酒高粱无公害生产对农用地土壤环境有明确的规定,见表5。

表5　农用地土壤污染风险筛选值(基本项目)　　单位:mg/kg

序号	污染物项目[a,b]		风险筛选值			
			pH≤5.5	5.5<pH≤6.5	6.5<pH≤7.5	pH>7.5
1	镉	水田	0.3	0.4	0.6	0.8
		其他	0.3	0.3	0.3	0.6
2	汞	水田	0.5	0.5	0.6	1.0
		其他	1.3	1.8	2.4	3.4
3	砷	水田	30	30	25	20
		其他	40	40	30	25

续表

序号	污染物项目[a,b]		风险筛选值			
			pH≤5.5	5.5<pH≤6.5	6.5<pH≤7.5	pH>7.5
4	铅	水田	80	100	140	240
		其他	70	90	120	170
5	铬	水田	250	250	300	350
		其他	150	150	200	250
6	铜	果园	150	150	200	200
		其他	50	50	100	100
7	镍	60	70	100	190	—
8	锌	200	200	250	300	—

注:a:重金属和类金属砷均按元素总量计。

b:对于水旱轮作地,采用其中较严格的风险筛选值。

(2)灌溉水质的要求。酿酒高粱无公害生产对灌溉水质量有明确的规定,见表6。

表6　灌溉水基本指标

项目	指标		
	水田	旱地	菜地
pH	5.5~8.5		
总汞,mg/L	≤0.001		
总镉,mg/L	≤0.01		
总砷,mg/L	≤0.05	≤0.1	≤0.05
总铅,mg/L	≤0.2		
铬(六价),mg/L	≤0.1		

注:对实行水旱轮作、菜粮套种或果粮套种等种植方式的农地,执行其中较低标准值的一项作物的标准。

38. 高粱有机生产对环境条件有什么要求?

(1)土壤环境的要求。酿酒高粱有机生产对土壤质量的要求参照无公害生产对农用地土壤污染风险筛选值(基本项目),见表5。同时增加其他项目,六六六总量、滴滴涕总量、苯并芘,见表7。

表7　农用地土壤污染风险筛选值(其他项目)　　单位:mg/kg

序号	污染物项目	风险筛选值
1	六六六总量	0.10
2	滴滴涕总量	0.10
3	苯并芘	0.55

(2)灌溉水质的要求。酿酒高粱有机生产对灌溉水质的要求,包括农田灌溉用水水质基本控制项目标准值和农田灌溉用水水质选择性控制项目标准值,见表8和表9。

表8　农田灌溉用水水质基本控制项目标准值

序号	项目类别	作物种类
		旱作
1	五日生化需氧量,mg/L≤	100
2	化学需氧量,mg/L≤	200
3	悬浮物,mg/L≤	100
4	阴离子表面活性剂,mg/L≤	8
5	水温,℃≤	35
6	pH	5.5~8.5

续表

序号	项目类别	作物种类
		旱作
7	全盐量,mg/L≤	1 000(非盐碱土地区), 2 000(盐碱土地区)
8	氯化物,mg/L≤	350
9	硫化物,mg/L≤	1
10	总汞,mg/L≤	0.001
11	镉,mg/L≤	0.01
12	总砷,mg/L≤	0.1
13	铬(六价),mg/L≤	0.1
14	铅,mg/L≤	0.2
15	粪大肠菌落数,个/100mL≤	4000
16	蛔虫卵数悬浮物,个/L≤	2

表9　农田灌溉用水水质选择性控制项目标准值

序号	项目类别	作物种类
		旱作
1	铜,mg/L≤	1
2	锌,mg/L≤	2
3	硒,mg/L≤	0.02
4	氟化物,mg/L≤	2(一般地区),3(高氟区)
5	氰化物,mg/L≤	0.5
6	石油类,mg/L≤	10

续表

序号	项目类别	作物种类
		旱作
7	挥发酚,mg/L≤	1.0
8	苯,mg/L≤	2.5
9	三氯乙醛,mg/L≤	0.5
10	丙烯醛,mg/L≤	0.5
11	硼,mg/L≤	对硼耐受性强

(3)大气环境质量的要求。酿酒高粱有机生产对大气环境质量的要求包括环境空气污染物基本项目浓度限值和环境空气污染物其他项目浓度限值,见表10和表11。

表10 环境空气污染物基本项目浓度限值 单位:μg/m^3

序号	污染物项目	平均时间	浓度限值	
			一级	二级
1	二氧化硫(SO_2)	年平均	20	60
		24小时平均	50	150
		1小时平均	150	500
2	二氧化氮(NO_2)	年平均	40	40
		24小时平均	80	80
		1小时平均	200	200
3	一氧化碳(CO)	24小时平均	4	4
		1小时平均	10	10
4	臭氧(O_3)	日最大8小时平均	100	160
		1小时平均	160	200

续表

序号	污染物项目	平均时间	浓度限值	
			一级	二级
5	颗粒物(粒径小于等于 10μm)	年平均	40	70
		24 小时平均	50	150
6	颗粒物(粒径小于等于 2.5μm)	年平均	15	35
		24 小时平均	35	75

表 11　环境空气污染物其他项目浓度限值　　单位:$\mu g/m^3$

序号	污染物项目	平均时间	浓度限值	
			一级	二级
1	总悬浮颗粒物(TSP)	年平均	80	200
		24 小时平均	120	300
2	氮氧化物(NO_x)	年平均	50	50
		24 小时平均	100	100
		1 小时平均	250	250
3	铅(Pb)	年平均	0.5	0.5
		季平均	1	1
4	苯并芘(BaP)	年平均	0.001	0.001
		24 小时平均	0.0025	0.0025

优质品种

39. 酿酒高粱杂交品种有哪些?

(1)晋杂 22

①品种来源。山西省农业科学院高粱研究所以不育系 SX44A 为母本、恢复系 SXR-30 为父本杂交育成。母本是利用印度抗旱材料 V4B 与印度抗旱材料 F4 杂交选育而成。父本是以 0-30 天然杂种为材料通过连续自交选育而成。登记编号为 GPD 高粱(2017)140022。

②特征特性。酿造用杂交种。生育期 129 天,株高 167 cm,穗长 28 cm,穗宽 13 cm,籽粒椭圆,红壳红粒,穗呈纺锤形,中散穗,千粒重 29 g,穗粒重 81.6 g。抗旱、抗倒性好,对丝黑穗病免疫。总淀粉 74.66%,粗脂肪 4.1%,单宁 1.38%。高抗丝黑穗病,中抗蚜虫。籽粒第 1 生长周期公顷产 11 722.5 kg,比对照晋杂 12 号增产 16.3%;第 2 生长周期公顷产 9 772.5 kg,比对照晋杂 12 号增产 16.0%。

③栽培技术要点。4 月下旬至 5 月上旬地温稳定在 10℃以上时播种。播种前每公顷施尿素 150 kg、复合肥 750 kg 做基肥。播种深度 3~4 cm,公顷留苗密度 105 000~120 000 株。播种后出苗前喷施除草剂杀除杂草,拔节后及时中耕除草。有灌溉条件的地块可在拔节后结合灌水每公顷追施尿素 225 kg。

④适宜种植区域。适宜在山西高粱中晚熟区、内蒙古活动积温2 500℃以上、新疆伊犁地区种植。

(2)晋杂103

①品种来源。山西省农业科学院高粱研究所用品种A2SX29A×295选育而成的高粱品种。登记编号为GPD高粱(2017)140008。

②特征特性。酿造用杂交种。在西北区试平均生育期137天,在东北区试平均生育期121天。株高198 cm,穗长28.7 cm,穗粒重80.4 g,千粒重29.6 g。抗病、抗旱。总淀粉75.36%,单宁1.36%。高抗丝黑穗病,抗蚜虫。籽粒产量:第1生长周期每公顷产8 283 kg,比对照晋杂12号减产1.6%;第2生长周期每公顷产8 877 kg,比对照晋杂12号和辽杂11号分别增产5.2%和7.8%。

③栽培技术要点。4月下旬至5月上旬地温稳定在10℃以上时播种。每公顷留苗,水肥地120 000株,山旱地105 000株。施足底肥,每公顷施复合肥750 kg左右。拔节期每公顷追施尿素225 kg。

④适宜种植区域。适宜在辽宁、河北石家庄、山西、甘肃等春播晚熟区种植。

(3)晋夏2842

①品种来源。山西省农业科学院高粱研究所用品种SX28A×SXR1042组配的高粱品种。登记编号为GPD高粱(2018)140012。

②特征特性。酿造用杂交种。平均生育期103天,比对照晚3天。平均株高143.0 cm,穗长33.4 cm,穗粒重72.1 g,千粒重27.5 g。穗中散,纺锤形,褐壳红粒,角质率低,育性98.3%。叶部病害轻,倾斜率为0,倒折率为0。丝黑穗病自然发病率为0,接种发病率0。籽粒产量:第1生长周期每公顷产7 855.5 kg,比对照晋杂22增产0.5%;第2生长周期每公顷产7 933.5 kg,比对照晋杂22增产8.5%。

③栽培技术要点。一般在4月下旬至5月上旬地温稳定在12℃以上时播种。播种后出苗前喷施除草剂杀除杂草,拔节后及时

中耕除草，一般每公顷留苗密度135 000~150 000株为宜，每公顷施复合肥750 kg、尿素225 kg。

④适宜种植区域。适宜在山西省、河北省、河南省、山东省、江苏省等地区种植。

(4)晋杂34

①品种来源。山西省农业科学院高粱研究所用品种SX605A×SX861选育的酿造用杂交种。登记编号为GPD高粱(2017)140018。

②特征特性。酿造用杂交种。次生根发达，田间生长整齐一致，生长势强。幼苗绿色，叶绿色，叶脉白色，生育期131.2天。株高135.4 cm，穗长32.2 cm，穗宽13 cm。穗呈纺锤形，穗型中紧，穗子较小。红壳红粒，籽粒扁圆，穗粒重90.5 g，千粒重28.3 g。总淀粉73.12%，粗脂肪3.37%，单宁1.40%。高抗丝黑穗病，中抗蚜虫，抗旱。抗倒性好，适宜机械化栽培种植。籽粒产量：第1生长周期每公顷产8 661.0 kg，比对照晋杂12号增产4.5%；第2生长周期每公顷产9 858.0 kg，比对照晋杂12号增产9.5%。

③栽培技术要点。4月下旬至5月上旬地温稳定在10℃以上时播种。每公顷留苗密度为水肥地120 000株，山旱地105 000株。播前施足农家肥，每公顷施复合肥750 kg左右、尿素300 kg。播种后出苗前喷施高粱专用除草剂，拔节至抽穗期，每公顷追施尿素225 kg。

④适宜种植区域。适宜在山西省高粱春播中晚熟区种植。

(5)晋糯3号

①品种来源。山西省农业科学院高粱研究所用品种10480A×L17R选育而成的高粱品种。登记编号为GPD高粱(2017)140007。

②特征特性。酿造用杂交种。平均生育期120天，幼苗绿色，平均株高167.8 cm。穗长33.4 cm，穗粒重67.9 g，千粒重27.4 g。褐壳红粒，纺锤形穗，穗型中紧。丝黑穗病自然发病率0，接种发病率两年平均5.7%，表现为高抗丝黑穗病。总淀粉含量74.38%，粗脂

肪含量3.44%,单宁含量1.01%。籽粒产量:第1生长周期每公顷产7 155.0 kg,比对照两糯1号增产16.1%;第2生长周期每公顷产5 896.5 kg,比对照泸糯13号增产9.3%。

③栽培技术要点。在我国南方高粱区,春播移栽区3月下旬到4月中旬播种,夏直播区不迟于5月下旬。适当浅播,播种深度3 cm左右,净作种植密度为每公顷90 000~120 000株。施肥要重施底肥,增施有机肥,早施追肥,拔节前施完全部肥料。中等肥力田块,一般每公顷施有机肥30 000~45 000 kg、纯氮150~180 kg、五氧化二磷75~90 kg。

④适宜种植区域。适宜在山西、河南、四川、重庆、贵州、湖南、湖北等糯高粱产区种植。

(6)汾酒粱2号

①品种来源。山西省农业科学院高粱研究所用A22783A×EM1383组配而成。登记编号为GPD高粱(2017)140013。

②特征特性。酿造用杂交种。种子根、次生根、支持根健壮发达。幼苗绿色,田间生长整齐一致,生长势强,叶绿色,叶脉白色。株高174.4 cm,穗长29.4 cm,穗纺锤形,穗型中紧。颖壳红色,千粒重28.3 g,籽粒扁圆形,红壳红粒。总淀粉74.96%,粗脂肪3.19%,单宁1.7%。高抗丝黑穗病。籽粒产量:第1生长周期每公顷产9 889.5 kg,比对照晋杂22号增产9.5%;第2生长周期每公顷产8 818.5 kg,比对照晋杂22号增产10.7%。

③栽培技术要点。4月下旬至5月上旬地温稳定在10℃以上时播种。每公顷播种量9~12 kg,一般每公顷留苗150 000株。出苗后及时间苗定苗,水肥地每公顷留苗150 000株,山旱地每公顷留苗120 000株。一般行宽在50~60 cm。播前每公顷施复合肥750 kg,有灌溉条件的地方在高粱拔节后结合灌水每公顷追施尿素150 kg。播种后出苗前喷施高粱专用除草剂,注意防治高粱蚜虫。

④适宜种植区域。适宜在山西省高粱春播中晚熟区种植。

(7)辽杂37

①品种来源。辽宁省农业科学院高粱研究所用P03A×220组配而成。登记编号为GPD高粱(2018)210181。

②特征特性。酿造用杂交种。生育期114天。平均株高174.2 cm,穗长27.4 cm。穗粒重87.6 g,千粒重28.1 g,着壳率9.5%。叶片数18~20片。接种发病率为4.9%。籽粒粗蛋白10.61%,总淀粉75.38%,其中支链淀粉58.90%,粗脂肪3.88%,单宁0.90%,赖氨酸0.29%。高抗丝黑穗病,叶部病害轻,抗蚜虫和螟虫,抗旱、抗涝、抗倒伏。第1生长周期每公顷产9 844.5 kg,比对照四杂25增产7.1%;第2生长周期每公顷产9 595.5 kg,比对照四杂25增产6.3%。

③栽培技术要点。一般肥力土壤均可种植。适宜播期为4月底到5月初,每公顷施农家肥45 000 kg左右作底肥,磷酸二铵150 kg作种肥,适当施用钾肥,300~325 kg尿素作追肥。密度以每公顷120 000~127 500株为宜。播种时用毒谷防治地下害虫,及时防治黏虫、蚜虫和螟虫。

④适宜种植区域。适宜在吉林中西部、内蒙古赤峰和通辽、黑龙江第一积温带上限适宜地区春季种植。

(8)辽杂35

①品种来源。辽宁省农业科学院高粱研究所用3401×3550组配而成。登记编号为GPD高粱(2018)210195。

②特征特性。酿造用杂交种。生育期125天,芽鞘绿色,根蘖1~2个,株高124.7 cm,叶片数18~20片,蜡质叶脉。中紧穗型,长纺锤形穗,穗长31.6 cm。育性100%,褐壳,籽粒红色,穗粒重70.3 g,千粒重27.6 g,籽粒整齐度好。丝黑穗病接种发病率0.3%。籽粒粗蛋白含量10.42%,赖氨酸0.23%,总淀粉77.17%,其中支链淀粉75.25%,单宁1.70%。高抗丝黑穗病,叶部病害轻,抗蚜虫、较抗螟虫,抗倒伏。第1生长周期每公顷产7 297.5 kg,比对照沈杂5

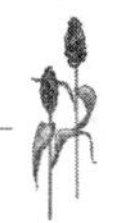

号增产 15.8%;第 2 生长周期每公顷产 7 413.0 kg,比对照辽杂 5 号减产 3.6%。

③栽培技术要点。一般肥力水平地均可种植。辽宁省通常播期为 5 月 10 日左右。精细播种,播种深度达到覆土镇压后在 2 cm 左右。每公顷施农家肥 45 000 kg 左右作底肥、磷酸二铵 150 kg 作种肥,适当施用钾肥,每公顷 300~325 kg 尿素作追肥。适宜种植密度每公顷 120 000 株。生长期及时防治黏虫和螟虫。蜡熟末期及时收获。

④适宜种植区域。适宜在辽宁沈阳、锦州、葫芦岛、铁岭、阜新、朝阳、海城,黑山地区春季种植以及在绥中地区夏播种植。

(9)辽黏 6 号

①品种来源。辽宁省农业科学院高粱研究所用 LA-34×0-01 选组配而成。登记编号为 GPD 高粱(2018)210193。

②特征特性。酿造用杂交种。生育期 115 天,株高 150.9 cm,穗长 27.8 cm,穗粒重 63.4 g,千粒重 27.0 g,倾斜率 1.0%,倒折率 1.0%。籽粒粗蛋白 11.67%,总淀粉 75.05%,其中支链淀粉 95.1%,粗脂肪 3.45%,单宁 0.98%,赖氨酸 0.24%。叶部病害轻,高抗蚜虫。第 1 生长周期每公顷产 5 577 kg,比对照两糯一号增产 8.3%;第 2 生长周期每公顷产 6 027 kg,比对照两糯一号增产 7.9%。

③栽培技术要点。播前精选种子,适宜播期为 4 月底到 5 月初。每公顷施农家肥 45 000 kg 左右作底肥、磷酸二铵 150 kg 作种肥,适当施用钾肥,300~325 kg 尿素作追肥。保证苗全、苗齐、苗壮。早间苗、定苗,每公顷应保苗在 120 000 株。注意防治病虫害,尤其是黏虫。

④适宜种植区域。适宜在辽宁大部以及四川、重庆、贵州适宜地区春季种植。

(10)辽糯 11

①品种来源。辽宁省农业科学院高粱研究所用 LA-34×NK1 组

配而成。登记编号为 GPD 高粱(2018)210185。

②特征特性。酿造用杂交种。生育期 116 天,株高 167. 1 cm,穗长 31. 9 cm,穗粒重 64. 1 g,千粒重 26. 8 g,褐壳红粒,育性 89. 7%。叶病轻,倾斜率为 0. 65%。总淀粉 76. 26%,其中支链淀粉 93. 7%,单宁 1. 17%。感丝黑穗病,叶部病害轻,高抗蚜虫,注意防治黏虫。第 1 生长周期每公顷产 6 415. 5 kg,比对照川糯粱 15 号增产 18. 6%;第 2 生长周期每公顷产 6 145. 5 kg,比对照川糯粱 15 号增产 23. 8%。

③栽培技术要点。10 cm 耕层地温稳定在 12℃以上,土壤含水量在 15%~20%时播种为宜。精细播种,播前晒种,种子能够包衣更好。播种深度掌握覆土镇压后在 2 cm 左右,播种时用毒谷防治地下害虫。杂交种抗倒性好,较耐密植,适宜种植密度为每公顷 120 000 株。每公顷施农家肥 45 000 kg 作底肥、磷酸二铵 150 kg 作种肥、325 kg 尿素作追肥。在蜡熟末期收割,并抓紧晾晒和及时脱粒,以确保籽粒的优良商品性。

④适宜种植区域。适宜在辽宁大部地区及湖南、湖北、四川、贵州、山西的适宜地区春播种植。

(11)龙杂 18 号

①品种来源。黑龙江省农业科学院作物育种研究所用不育系 KS35A×哈恢 732 组配而成。登记编号为 GPD 高粱(2018)230033。

②特征特性。酿造型粒用高粱杂交品种。在适宜区出苗至成熟生育日数 97 天左右,需≥10℃活动积温 2 060℃左右。幼苗拱土能力较强,分蘖力较强。植株生长健壮,整齐,适于机械化栽培。叶片相对窄小,蜡脉,叶色深绿色。株高 87 cm,穗长 20 cm,纺锤形中紧穗。籽粒深红色壳,椭圆形红褐色粒。总淀粉 71. 2%,其中支链淀粉 84. 16%,单宁 1. 25%。抗丝黑穗病,叶部病害 2 级,中抗蚜虫、螟虫。籽粒产量第 1 生长周期每公顷产 8 245. 4 kg,比对照绥杂 7 号增产 12. 9%;第 2 生长周期每公顷产 7 821. 8 kg,比对照绥杂 7 号

增产 10.4%。

③栽培技术要点。一般 5 月中、上旬气温回升的寒尾暖头播种。播种前可用种衣剂或拌种霜拌种，以防地下害虫。也可采用催芽播种的方式种植。垄高 65 cm，垄上双行，每平方米保苗 35 株。5 叶期及时定苗。如果人工定苗，注意留匀拐子苗。6 月中旬至 7 月中旬要铲蹚及时，做到两铲两蹚。7、8 月份发现蚜虫为害时，应及时喷洒乐果控制蚜源。发现黏虫为害时，应在 3 龄前喷洒敌杀死进行防治。播种时每公顷施磷酸二铵 150 kg。拔节前结合蹚二遍地，每公顷追施尿素 150kg、钾肥 75kg。于蜡熟末期、完熟初期适时收获。

④适宜种植区域。适宜在黑龙江第三、四积温带春播种植。

（12）龙杂 17 号

①品种来源。黑龙江省农业科学院作物育种研究所用不育系 KS35A×哈恢 686 组配而成。登记编号为 GPD 高粱（2018）230053。

②特征特性。酿造型粒用高粱杂交品种。植株矮、早熟、适合密植，属于机械化栽培品种。在适应区出苗至成熟生育日数 100 天左右，需≥10℃活动积温 2 080℃左右。幼苗拱土能力较强，分蘖力较强。植株生长健壮，整齐。叶片相对窄小，蜡脉，叶色深绿色。株高 108 cm，穗长 22 cm，筒形穗，穗型上散下中紧。籽粒中等红色壳，椭圆形红褐色粒。总淀粉 74.19%，其中支链淀粉 83.65%，单宁 1.48%。抗丝黑穗病，叶部病害 2 级，中抗蚜虫、螟虫。籽粒产量第 1 生长周期每公顷产 7 251.5 kg，比对照绥杂 7 号增产 10.3%；第 2 生长周期每公顷产 8 396.9 kg，比对照绥杂 7 号增产 10.6%。

③栽培技术要点。一般 5 月中、上旬气温回升的寒尾暖头播种。播种前可用种衣剂或拌种霜拌种，以防地下害虫。也可采用催芽播种的方式种植。垄高 65 cm，垄上双行，每平方米保苗 30 株。5 叶期及时定苗。如果人工定苗，注意留匀拐子苗。6 月中旬至 7 月中旬要铲蹚及时，做到两铲两蹚。7、8 月份发现蚜虫为害时，应及时喷洒乐果控制蚜源。发现黏虫为害时，应在 3 龄前喷洒敌杀死进行防治。

播种时每公顷施磷酸二铵 150 kg。拔节前结合蹚二遍地,每公顷追施尿素 150 kg、钾肥 75 kg。于蜡熟末期、完熟初期适时收获。

④适宜种植区域。适宜在黑龙江第三、四积温带春播种植。

(13)吉杂 157 号

①品种来源。吉林省农业科学院用吉 2055A×吉 R126 组配而成。登记编号为 GPD 高粱(2018)220207。

②特征特性。酿造用杂交种。幼苗绿色,芽鞘绿色,株高 150.5 cm。穗长 30 cm,中紧穗、纺锤形,穗粒重 81.5 g,千粒重 29 g,籽粒椭圆形,红壳红粒,着壳率 2.8%。生育期 119 天,中早熟杂交种。总淀粉 79.92%,其中支链淀粉 73.22%,粗脂肪 3.12%,单宁 1.24%。中抗丝黑穗病,2 级叶部病害。第 1 生长周期每公顷产 9 246.0 kg,比对照四杂 25 增产 6.94%;第 2 生长周期每公顷产 9 358.5 kg,比对照四杂 25 增产 3.81%。

③栽培技术要点。杂交种在一般肥力的土壤均可种植,每公顷施农家肥 45 000 kg 左右做底肥。早熟区播种时期为 5 月上旬至中旬,播种深度 2.5~3.0 cm,每公顷施磷酸二铵或复合肥 300 kg 作种肥。播后注意镇压、保墒,保苗密度为每公顷 120 000 株。在拔节初期每公顷追施尿素 225~325 kg。蜡熟末期收获。

④适宜种植区域。适宜在吉林的中西部、黑龙江第一积温带、内蒙古的赤峰、通辽等≥10℃活动积温 2 550℃以上地区春季播种。

40. 酿酒高粱常规品种有哪些?

(1)红缨子

①品种来源。仁怀市有机高粱育种中心用小红缨子×特矮秆系统选育而成。登记编号为 GPD 高粱(2017)520028。

②特征特性。酿造常规种。全生育期 131 天左右,属糯性中秆中熟品种。叶色浓绿,颖壳红色,叶宽 7.3 cm 左右,总叶数 13 叶,散穗型。株高 245 cm 左右,穗长 37 cm 左右,穗粒数 2 800 粒。籽粒红褐色,易脱粒,千粒重 20 g 左右。总淀粉 83.4%,其中支链淀粉

80.29%,单宁1.61%。中抗丝黑穗病,中抗叶部病害,抗虫性一般。籽粒第1生长周期每公顷产5 436 kg,比对照青选二号增产13.4%;第2生长周期每公顷产5 220 kg,比对照青选二号增产12.3%。

③栽培技术要点。适宜育苗移栽也可直播。育苗播种期宜在3月下旬至4月下旬,每公顷大田用种量7.5 kg,在4~7叶期移栽,按行距50.0~66.7 cm,穴距26.7~33.3 cm,打穴移栽。移栽密度每公顷种植90 000~150 000株,土壤肥力高的应适当稀植,土壤肥力低的适当密植。每公顷施农家肥15 000 kg作底肥,用清粪或沼液22 500 kg作追肥。

④适宜种植区域。适宜在贵州省海拔1 100米以下中上等肥力土壤春季种植。

(2)红珍珠

①品种来源。仁怀市有机高粱育种中心由红壳牛尾砣系统选育而来。登记编号为GPD高粱(2018)520028。

②特征特性。酿造用常规种。全生育期129天左右,属糯性中秆中熟品种。叶色浓绿,颖壳红色,叶宽7.1 cm左右,总叶数13叶,呈散穗型。株高225 cm左右,穗长34.0 cm左右,穗粒数2 400粒。籽粒红褐色,易脱粒,千粒重18 g左右。总淀粉81%,其中支链淀粉65.28%,单宁1.69%。中抗丝黑穗病、叶部病害,抗虫性一般。籽粒产量:第1生长周期每公顷产5 335.5 kg,比对照青选二号增产11.3%;第2生长周期每公顷产5 148.0 kg,比对照青选二号增产9.7%。

③栽培技术要点。适宜育苗移栽也可直播,育苗播种期宜在3月下旬至4月下旬,每公顷大田用种量7.5 kg。在4~7叶期移栽,按行距50.0~66.7 cm,穴距26.7~33.3 cm,打穴移栽。移栽密度每公顷种植90 000~150 000株,土壤肥力高的应适当稀植,土壤肥力低的适当密植。每公顷用农家肥15 000 kg作底肥,用清粪或沼液22 500 kg作追肥。孕穗期注意防治高粱条螟的为害。

④适宜种植区域。适宜在贵州省海拔 1 100 米以下中上等肥力土壤春季种植。

(3)青壳洋

①品种来源。四川省农科院水稻高粱研究所等单位育成,1988 年经四川省农作物品种审定委员会认定推广的常规酿酒糯高粱品种。

②特征特性。生育期春播为 130 天左右,夏播为 115 天左右。株高 265 cm,株型紧凑,茎叶夹角小,适合间套矮生作物。穗型中散,穗螟为害轻,较耐炭疽病。粒黄褐色,千粒重 16 g 左右,易脱粒。糯性,含淀粉约 65%,其中支链淀粉占 95%以上,单宁含 1.09%,蛋白质含 7.53%,玻璃质少。浓香型曲酒的出酒率约 42%,酒味纯和,南方酿酒用优质高粱品种。

③栽培技术要点。适宜育苗移栽也可直播,育苗播种期宜在 3 月下旬至 4 月下旬,每公顷大田用种量 7.5 kg,在 4~7 叶期移栽,按行距 50.0~66.7 cm,穴距 26.7~33.3 cm,打穴移栽。移栽密度每公顷种植 90 000~150 000 株,土壤肥力高的应适当稀植,土壤肥力低的适当密植。每公顷用农家肥 15 000 kg 作底肥,用清粪或沼液 22 500 kg 作追肥。孕穗期注意防治高粱条螟的为害。

④适宜种植区域。适合在四川、贵州、湖南、湖北及河南省南部等地种植。

(4)茅高 8 号

①品种来源。贵州粒粒丰种业有限公司选用茅台本地传统酒用糯高粱“小红缨子”经多代系统选育而成。

②特征特性。春播全生育期 129.5 天左右。株高 238 cm,穗长 41 cm,穗粒重 62 g,千粒重 20 g。芽鞘紫色,叶片绿色。侧散穗,红壳,籽粒红色扁圆。种皮厚,易脱粒,胚乳糯质。糯性好,耐蒸煮,酒质好,出酒率高,是贵州省仁怀市茅台镇酿造酱香型白酒选用的高粱品种之一。该品种在当地一般每公顷产 5 250 kg 左右。

③栽培技术要点。播种时春季地温必须稳定通过 10℃,气温必

须稳定通过 12℃。育苗移栽每公顷用种量 7.5 kg,机播每公顷用种量 9.0 kg,直播每公顷用种量 15 kg。一般在 4~6 叶定苗或移栽,栽培密度一般每公顷 120 000~150 000 株。底肥每公顷施农家肥或优质土杂肥 15 000~22 500 kg 或施商品有机肥 750~1 500 kg,磷肥 600 kg,尿素 60 kg,钾肥 30 kg。追肥一般两次,第一次在移栽成活或定苗时每公顷用清粪 15 000 kg,或追施尿素 60 kg、钾肥 30 kg,第二次在拔节孕穗时每公顷用清粪 22 500~30 000 kg,或尿素 180 kg、钾肥 90 kg。结合追肥搞好 1~2 次中耕除草,中后期注意防治叶斑病、紫斑病、蚜虫等,孕穗期注意防治高粱条螟的为害。当田间 90%以上的穗籽上下两端小穗外颖呈棕色籽粒由白色变红色时收割,并及时脱粒晾晒至水分 13%时贮藏。

④适宜种植区域。贵州仁怀地方种植。

(5)茅高 9 号

①品种来源。贵州粒粒丰种业有限公司,选用茅台镇本地传统酒用红壳糯高粱经多代系统选育而成。

②特征特性。春播全生育期 135 天左右。株高 240 cm,穗长 40 cm,穗粒重 63 g,千粒重 19 g。芽鞘紫色,叶片绿色。侧散穗,红壳,籽粒红色扁圆,种皮厚,易脱粒,胚乳糯质。糯性好,耐蒸煮,酒质好,出酒率高,是贵州省仁怀市茅台镇酿造酱香型白酒选用的高粱品种之一。该品种在当地一般每公顷产 5 250 kg 左右。

③栽培技术要点。播种时春季地温必须稳定通过 10℃,气温必须稳定通过 12℃。育苗移栽每公顷用种量 7.5 kg,机播每公顷用种量 9 kg,直播每公顷用种量 15 kg。一般在 4~6 叶定苗或移栽,栽培密度一般每公顷 120 000~150 000 株。底肥每公顷施农家肥或优质土杂肥 15 000~22 500 kg 或施商品有机肥 750~1 500 kg,磷肥 600 kg,尿素 60 kg,钾肥 30 kg。追肥一般两次,第一次在移栽成活或定苗时每公顷用清粪 15 000 kg,或追施尿素 60 kg、钾肥 30 kg,第二次在拔节孕穗时每公顷用清粪 22 500~30 000 kg,或尿素 180 kg、

钾肥 90 kg。结合追肥搞好 1~2 次中耕除草,中后期注意防治叶斑病、紫斑病、蚜虫等,孕穗期注意防治高粱条螟的为害。当田间 90%以上的穗籽上下两端小穗外颖呈棕色籽粒由白色变红色时收割,并及时脱粒晾晒至水分 13%时贮藏。

④适宜种植区域。贵州仁怀地方种植。

(6)国窖红 1 号

①品种来源。泸州老窖股份有限责任公司、四川农科院水稻高粱研究所、泸州市农科所于 1998 年以地方品种洋高粱和水二红为亲本杂交、经多代选择定向培育,2003 年得到稳定品系 03-68。审定编号为川审粱 2009001。

②特征特性。春播全生育期 130 天。株高 262 cm,穗长 34.5 cm,穗粒重 52.5 g,千粒重 16.8 g。芽鞘紫色,苗绿色,穗伞形,散穗,红壳,褐粒,胚乳糯质。该品种耐叶斑病,无倒伏,丝黑穗病自然发病率为 0,接种发病率为 8%。籽粒含粗蛋白 8.47%,总淀粉 72.69%,单宁 1.42%。酿酒品质好,出酒率高。

③栽培技术要点。川南春播在 3 月上中旬,稀播匀播。移栽叶龄在 7~8 叶,净种每公顷植 90 000~105 000 株,间套每公顷植 60 000~75 000 株。重施底肥,早施追肥,每公顷用纯氮 120~150 kg,多施有机肥,氮磷钾肥配施。注意防治蚜虫和高粱条螟,避免使用有机磷农药。

④适宜种植区域。四川平坝、丘陵区。

四

种植技术

（一）选地、整地

41. 高粱的主要轮作方式有哪些？

我国高粱轮作倒茬的方式多种多样，各具特色。在春播早熟区多为一年一熟制，常以高粱作为大豆的后茬与玉米、谷子轮作。基本轮作方式为大豆—高粱—谷子—玉米；玉米—大豆—高粱—谷子。在春播晚熟区多为两年三熟制，高粱多与棉花、小麦、玉米、谷子及小杂粮进行轮作，主要方式有冬小麦—夏粮（豆、糜子）—高粱—玉米—谷子；棉花—高粱—玉米—冬小麦。夏播区多为一年两熟或两年三熟制，主要方式有冬小麦—夏高粱—冬小麦—夏高粱；春高粱（玉米）—冬小麦—夏高粱（玉米）。南方区（春、夏、秋季均可播种）为一年多熟制，多采用早稻—高粱—冬红薯；小麦—移栽高粱—晚稻；春高粱—再生高粱—再生高粱—春甘薯；水稻—高粱—冬小麦—水稻—秋高粱等轮作方式。

42. 高粱与大豆能间作吗？

高粱与大豆间作在各栽培区较为普遍。在一年一熟的地区，高粱间作大豆，一高一矮，使农田通风透光良好。高秆的高粱在上层，扩大了单株叶面积，发挥边行优势，提高光能利用率，与清种高粱比

较,一般提高产量15~25%。高粱与大豆间作行比,多数为6:6或4:6,还有2:2,4:4和8:4等不同比例。为了管理方便,便于收获且省工,应采用6:6为宜。小比例间作,虽然边行优势大,但管理不方便,收获也比较费工,更不便于机械化作业,一般不提倡过小比例间作。高粱与大豆间作,为了充分发挥高粱群体的增产潜力,在密植程度上要比清种高粱大一些。一般高秆品种每公顷保苗180 000株,中秆品种210 000株左右,矮秆品种密度更高。

43. 高粱播前整地应注意哪些问题?

土壤是基础,只有经过良好耕作的土壤,才是创造高产的前提。高粱增产潜力较大,其根系庞大,扎根较深,所以深耕土地对保证杂交高粱大幅度增产意义重大。耕翻时间,除伏翻麦茬、秋翻大豆茬,准备原垄耕种外,前茬收后及时运出,越早翻越好,并做到随翻随耙连续作业,小麦茬要翻前灭茬。深翻时要逐年加深耕作层,以便加深活土层,有利于土壤熟化,深翻可以把前茬作物枝根、落叶、杂草等有机物翻到底层。深翻有改良土壤、增加养分和消灭杂草的作用。加深活土层后,还可以蓄水保墒。深翻可以将土壤中的害虫翻出来冬天时冻死,从而减轻虫害。搞好深翻可以给杂交种高粱创造高产的有利条件。耕翻深度20~22 cm为宜。

高粱既有耐贫瘠的特点,又有施肥高产的特点,结合整地增施农家有机肥和化肥,可以使土壤"热潮",促进高粱苗壮。高粱的施肥量需要非常多,俗语"不上万斤粪,难打千斤粮"说的就是高粱的需肥特性。

在播种之前镇压,可以使干土层变薄,播种深度变浅,使种子与土壤密切接触。种子吸水容易,促进发芽,从而使出苗提前,且苗匀苗壮,整齐一致,为高粱初期生长发育,创造了良好条件。经过镇压的地块,苗全、苗壮、出苗早,利于"蹲苗"和充分利用生育期有效积温和热量资源,使高粱早熟高产。

(二)播种

44. 高粱播种前如何进行种子处理?

发芽试验:为了保证播种后出齐苗,播前必须做发芽试验,种子发芽率须保证在80%以上。

晒种:播前要对种子进行晾晒1~2天,可提高芽率4%~7%,增产2%左右。一般选择晴朗天气,将种子在晒场上铺平,厚度1~3 cm。

种子包衣:包衣应在播种前2周进行,让药膜充分固化成膜后再播种。目前用40%萎锈灵、10%福美双包衣效果较好。也可用25%的粉锈宁可湿性粉剂,按种子量的0.3%~0.5%拌入,防治丝黑穗病、散黑穗病效果很好。

浸种催芽:此法应根据土壤墒情及保墒能力而定,如果土壤墒情和保墒能力好,可用此法。具体操作方法为播种前一天下午,把种子放在40℃的温水中浸种2~3小时,随后装入麻袋等湿袋,用塑料布装好,放在种床上,闷10~12小时,当种子露白时,即可播种,包衣种子不宜催芽。

45. 高粱适宜什么时候播种?

5 cm土层温度稳定通过10℃以上时,播种至出苗期间大于10℃的有效积温达到70℃以上时,较适宜播种。春播区一般在4月25日至5月20日,夏播区一般在6月上旬至中旬,秋播区在7月下旬至8月上旬。

46. 夏播高粱播种是不是越早越好?

早播是夏播高粱获得高产的关键措施。早播可以延长夏播高粱的生长期,有利于提高夏播高粱的产量,并且可以早收早腾茬,不误下茬冬小麦适期播种。影响夏播高粱早播的主要因素是前茬作物收获时期以及播种时的土壤墒情。

夏收作物收获后应及时播种，防止生育期不足，不能正常成熟。一般播种期6月15日左右，最晚不超过6月25日。

47. 高粱一般播种量是多少？

影响播种量的因素较多，如种植密度、种子发芽率、籽粒大小、整地质量和播种方法等。一般每公顷15~22.5 kg，精量播种每公顷播种量可降低50%左右。

48. 高粱的主要播种方式和方法有哪些？

高粱的播种方式主要有条播和点播两种。常用的播种方法有机械垄播、机械平播和精量播种。

机械垄播法：在秋翻地春做垄的垄上，或在耙茬后起垄的垄上，用机械开沟条播或点播。该方法多在气候冷凉和低洼易涝地区采用，东北地区采用较多。

机械平播法：播后地面无垄形，播深一致，下种均匀，出苗快，扎根深，保苗效果好。平播时，要整平土地，除净杂草和根茬。华北和西北地区多采用此法。

精量播种：用精量播种机播种高粱可实现精量播种。精量播种机的排种器多为水平圆盘式和气吸式。实现精量播种必须精选发芽率高的种子，做好整地保墒工作，严格播种质量，保证苗齐，才能达到既省种又全苗的目的。

平播后起垄法：在春季耙平的土地上平播，中耕时逐渐培起垄来。此法可兼收平播保墒和垄播增温、排涝的优点。东北地区多采用此法。

49. 高粱的适宜播种深度是多少？

播种深浅适宜，均匀一致，是一次播种保全苗的重要因素。土壤墒情好，可适当浅播。土壤墒情差可深播种浅覆土。一般适宜的

播种深度为3~5 cm,最深不超过7 cm。春播早熟区在春季地温较低的地方应适当浅播,一般以3~4 cm为宜。春播晚熟区,墒情好时,适宜播种深度3~4 cm,干旱时可适当加深。春夏兼播区春播以3~5 cm,夏播以5~7 cm为宜。南方各地雨水较多,气温高,应适当浅播。

50. 高粱播种后为什么要镇压?

播种后种床土壤松散,容易跑墒,必须及时进行镇压。播后镇压可破碎土块,减少地表缝隙,降低蒸发,防止失墒,同时可以使种子与湿土紧密接触,促进种子吸水发芽,提高出苗率。经验表明,播后表土层刚刚出现有干土迹象(俗称"背白")时,进行及时镇压,过早过晚均不能取得良好的效果。

51. 什么是抢墒早播法?

在早春易干旱地区,抓住早春气温回升、土壤解冻后水分含量(墒情)相对较高时,尽快进行播种作业,以利于保全苗的农业抢早播种措施。一般要求土壤耕层0~10 cm含水量达16%~18%,10 cm地温稳定通过7~8℃时就可以抢墒播种。

52. 什么是晾墒播种法?

在降雨过多、土壤水分含量高的情况下,先开沟晾墒,待墒情适宜时再播种。通过晾墒可加速种床的水分蒸发,若土壤含水量仍高于适宜发芽的湿度,播种时可不进行镇压,以利于水分的蒸发和提高地温。

53. 高粱如何进行合理密植?

合理密植是高粱取得高产的前提。因此,合理密植应综合考虑气候、土壤、肥力、品种特性和栽培水平。

一般来说春播早熟区生育期短、积温不足,多种植早熟或者中早熟的品种,其单株生产力不高,种植密度大,一般每公顷多在

150 000 株以上。春播晚熟区,气候温暖、生育期较长,多种植中晚熟或者晚熟的品种,单株生产力和栽培水平较高,一般种植密度在每公顷 97 500~120 000 株。春夏兼播区,夏播时,多种植生育条件较高、粮饲兼用的品种,一般每公顷 90 000~120 000 株。根据酒用品种特性,中高秆品种一般每公顷留苗 120 000 株左右,矮秆品种每公顷留苗密度可达 180 000 株。根据土壤肥力合理密植应遵循肥地宜密,薄地宜稀的原则。因此,合理密植应因地、因时、因品种、因环境条件适时调整,因地制宜,通过科学实践找出最合适的种植密度。

54. 高粱主要种植方式有哪些?

北方地区:大行距+小株距的种植方式,行距 50~70 cm,等行距种植,大垄单行或者大垄双行。

中原地区:小行距+大株距的种植方式,行距 40 cm,等行距种植,或者宽行 60 cm+窄行 40 cm,宽窄行种植。

(三)施肥

55. 高粱基肥怎么施?

基肥一方面可以改良土壤、培肥地力,为丰产创造良好的土壤环境,另一方面可以不断地供给高粱全生育期所需要的养分。同时,增施基肥对促进高粱早熟,提高单位面积产量效果明显。一般基肥以每公顷撒施有机肥 45 000 kg,条施 22 500 kg 为宜。在缺磷的土壤环境中,可每公顷增施 375~750 kg 过磷酸钙。

56. 高粱种肥怎么施?

种肥在播种时随种子一同施入,可促进幼苗生长发育。由于高粱苗期根系吸肥能力弱,宜用含速效养分多的肥料作种肥,且以化学肥料为主。一般每公顷施用 60~75 kg 硫酸铵作种肥,同时可按每公顷配施优质有机肥 7 500~15 000 kg,腐殖酸铵 750~1 500 kg,过

磷酸钙 150~300 kg。

57. 高粱追肥怎么施？

追肥是解决土壤供肥状况和作物需肥状况发生矛盾的有效措施。追肥时期包括苗期追肥、拔节追肥、孕穗追肥。目前，一次追肥以穗分化期(拔节—孕穗)追肥增产效果最高。一般每公顷施纯氮 45~60 kg，即尿素 112.5~150.0 kg。

(四)田间管理

58. 高粱缺苗断垄怎么办？

由于播种质量不好或种子芽率不高，或因干旱、风蚀、霜冻、虫害等灾害影响，造成缺苗断垄，影响高粱产量。因此，高粱播种后应及时查田补苗。播后 3~5 天开始查墒情，对失墒严重的地块，采取相应措施，进行补墒。在出苗前查芽情，对芽干、坏种地块，及时坐水补种。出苗后查苗情和虫情，对缺苗断垄或遭受虫害的地块，补种早熟品种或药剂防治。缺苗严重又未及时补种，可选用 4~6 片叶龄的健壮幼苗进行坐水移栽。为确保全田幼苗生长整齐一致，对补种和移栽的幼苗应加强肥水管理。

59. 高粱间定苗在什么时期？

幼苗 2~3 叶期间苗，4~5 叶期定苗，做到等距留苗，留壮苗，不留双株苗。

60. 高粱为什么要蹲苗？

蹲苗是高粱栽培中抑制幼苗茎叶徒长、促进根系发育的技术措施，其作用在于“锻炼”幼苗，促使植株生长健壮，提高后期抗逆、抗倒伏能力，协调营养生长和生殖生长，一般可使每公顷增产 10% 左右。

蹲苗多采取控制苗期肥水，使植株节间趋于粗短壮实而根系发达的办法。另外,进行多次中耕,一方面可以切断土壤毛细管水,使表层土壤疏松干燥,下层水分保蓄良好,利于根系向纵深伸长;另一方面由于中耕切断了部分侧根,降低了植株吸氮和氮的代谢水平,使体内的碳水化合物积累增多,也有利于植株生长健壮,控制徒长。同时,蹲苗措施还包括扒土晒根,以提高地温等。蹲苗的时期和具体操作方法因品种而异。高粱一般在4~5叶期定苗后至拔节前进行扒土晒根。蹲苗时间的长短亦随气候、土壤水分、肥力以及品种、长相长势等而有所不同。蹲苗时间过短不易收效,蹲苗时间过长蹲成小老苗则会影响穗分化。对生育期短的品种或土壤水分不足、肥力瘠薄、作物长势不旺的田块,不宜蹲苗。总之,蹲苗应掌握蹲肥不蹲瘦,蹲涝不蹲旱的原则。

61. 高粱"丫子"到底掰不掰?

高粱长"丫子",也就是高粱长的分蘖。高粱长分蘖的原因主要有以下几个原因:

(1)品种原因。有的品种特性分蘖性强,有的品种分蘖性差或不分蘖,所以表现不一样,有的长"丫子",有的不长"丫子"。

(2)温度原因。高粱播种后,如果温度过低会导致主茎生长缓慢,容易引发分蘖的发生。

(3)肥力较高容易发生分蘖。养分在供应主茎生长后,还有剩余,为发生分蘖创造了物质条件。

(4)种植密度过稀容易发生分蘖。由于植株分布较稀,单个植株的营养面积大,生长空间广阔,有利于分蘖的生成。

高粱丫子到底该不该掰掉呢?

(1)不该掰掉。认为"丫子"光合产物可以回流到主茎,供给主茎果穗营养。理由是:①高粱"丫子"其实相当于高粱的叶片,可以增加高粱群体的叶面积,提高了光合作用,有利于高粱的生长;②高粱"丫子"掰掉的话会形成明显的外伤,不仅会造成水分、养分的流失,还容易感染一些病害。如果高粱"丫子"掰得早的话,后期仍然

会继续生长，越掰越多；③高粱“丫子”多从根部生长出来，可以有效地增加高粱的根系数，增强吸水、吸肥能力，后期养分会回流主干；④一般的高粱“丫子”对产量影响不大，但是要掰掉的话却需要大量的人力和物力。如果人工不紧张，适当剔除一些高粱“丫子”，是会起到一定的通风透光作用。如果条件不允许，高粱“丫子”的存在，并不会对高粱的产量造成明显的影响。

（2）应该掰掉。认为分蘖会与主茎争抢营养，影响主茎生长发育，造成减产。

高粱去蘖还是促蘖与种植的品种有关，如种植分蘖性弱的品种，一般不建议留分蘖。原因在于分蘖成穗率不高，与主穗成熟不一致，在霜前往往不能正常成熟，而且影响主穗生长发育和单位面积产量的提高。去蘖宜早不宜迟，力争在拔节之前将分蘖去净。如种植分蘖性强的品种，应采取促进早分蘖的措施，一般留分蘖 1~2 个，通过中耕培土压住分蘖节抑制再分蘖，促进分蘖成穗。

62. 高粱如何进行中耕培土？

一般可进行 1~2 次，宜早不宜晚，争取在雨季来到之前，除净杂草，完成培土。

63. 如何在播种前进行高粱农田化学除草？

播种前，若田间有杂草，宜选择灭杀性除草剂进行防治。如草铵膦（600~900 g/hm^2）或草甘膦（1 125~1 800 g/hm^2），兑水 450~600 kg/hm^2 进行喷雾。药剂喷施后 7 天后方可进行整地、备播。

64. 播种后出苗前如何进行高粱农田化学除草？

播种后出苗前，宜选择土壤处理剂进行土壤封闭。如异丙甲草胺（1 200~1 500 g/hm^2），或莠去津（1 800~2 250 g/hm^2），或精异丙甲草胺（750~1 125 g/hm^2）+莠去津（525~1 125 g/hm^2），兑水 450~600 kg/hm^2 进行喷雾。

65. 出苗后如何进行高粱农田化学除草?

高粱2~4叶期,杂草2叶期时,用精异丙甲草胺(750~1 125 g/hm^2)和莠去津(525~1 125 g/hm^2)兑水450~600 kg/hm^2均匀喷施;或于4~6叶期,用二甲四氯钠盐(900~1 200 g/hm^2),或氯氟吡氧乙酸(90~150 g/hm^2),兑水450~600 kg/hm^2均匀喷施;或于6~8叶期,植株高于杂草20 cm以上,用草铵膦(600~900 g/hm^2)兑水450~600 kg/hm^2行间定向喷雾。

66. 高粱出现除草剂药害后如何补救?

除草剂药害产生的原因:

(1)农药产品存在质量问题。在用药高峰期,不法商贩销售假药,以次充好,从而会产生药害。

(2)除草剂使用不当。如一个喷雾器喷多种除草剂,误将除草剂当作杀虫剂使用。除草剂用错对象,用量过大,重复喷雾等,从而导致除草剂药害发生。

(3)用药环境影响。用药时的温度、天气、墒情等环境因素影响形成药害。如大风天气时喷雾会对邻近高粱造成药害等。

一但发生药害,需首先分析药害发生的原因,及时采取科学的补救,以减轻危害。

(1)在除草剂药害已经发生或将要发生时,要尽早采取措施排毒。可结合浇水、用清水冲洗有毒植株,以减轻药害。对于一些遇碱性物质易分解失效的除草剂,可用0.2%的生石灰或0.2%的碳酸钠清水稀释液喷洗作物,效果好。

(2)加强田间管理。发生药害的农田应加强管理,可采用增施肥料、科学灌溉等措施,恢复作物受害生理机能,促进健康生长,以减轻除草剂药害。

(3)促进生长。植物生长调节剂对农作物的生长发育有很好的刺激作用,如赤霉素、矮壮素都有很好的作用等。另外叶面喷洒

1%~2%的尿素或0.3%的磷酸二氢钾溶液，对促进生长、提高抗药害能力也有显著效果。

67. 什么是高粱“秃脖”“灌苞”和“灌花”？

“秃脖”：孕穗期光照不足或阴雨连绵，可造成基部幼穗发育不良引起“秃脖”。

“灌苞”：有些高粱品种穗颈短，抽穗时穗子不能全部伸出苞叶，因而穗子基部的全部或者部分被苞叶包藏。遇阴雨天，苞叶里积水引起“灌苞”危害。轻者出现秃脖，重者导致腐烂。一般采用人工排除苞内积水的方法。一种方式是对抽穗完毕且受害严重的品种在雨后用木棍将植株拉压倾斜，然后利用植株反弹直立甩出苞内积水。另一种用手扒开苞叶排除积水。

“灌花”：在高粱开花散粉时期，阴雨连绵，光照不足，花粉粒易吸水膨胀而破裂死亡或黏结成团，丧失授粉能力，使柱头不能正常受精，导致有穗无粒，减产明显。

68. 高粱倒伏怎么办？

高粱生长中期发生根倒可立即进行捆扶，用茎秆自身的叶片将3~5株捆在一起，两行交叉点捆在植株中上部，使每个植株都有一定的倾斜度，穗部不要重叠挤压，要交叉开。捆扶时尽量少用叶片，保护穗下部功能叶片不受损失。捆扶时间越早越好，超过两天就不要采取这种措施。这种办法对成熟期的高粱不适用。

69. 高粱徒长怎么办？

高粱徒长可喷洒矮壮素，一方面可使植株矮化粗壮，另一方面可有效增加产量。研究证明，喷施矮壮素可使高粱提早成熟5~7天，植株高度降低、茎粗增加，且抗倒伏，增产效果显著。喷洒矮壮素的适宜浓度为0.1%。

70. 乙烯利可用于高粱催熟吗?

为促进高粱早熟高产,乙烯利可在高粱生育后期进行使用。研究证明,乙烯利于高粱开花后期对全株或穗部喷洒 1 000~1 500 mg/kg,可取得提早成熟 7~10 天,加快了籽粒灌浆的速度,延长了高速灌浆的时间,增产 10%左右。

71. 高粱什么时期怕缺水?

高粱在不同生育阶段对水分的要求有很大的差异。出苗至拔节阶段,植株小,生长缓慢,需水量仅占全生育期需水量的 10%,通常有 30 mm 的降水量即可满足。这一阶段适当缺水,可促进根系发育,起到“蹲苗”的作用。拔节后期至孕穗期是高粱需水量最大的时期,约占总需水量的 50%。这一时期生长锥转穗分化阶段,生长发育旺盛,茎秆叶片迅速生长,穗逐渐形成,若遇干旱就会影响穗分化,造成秃尖码稀,称为“胎里旱”。这一阶段需 200~300 mm 以上的降水量。孕穗至抽穗开花期需水约占总需水量的 15%,抽穗期土壤持水量低于 70%时,就会出现“卡脖旱”,穗子迟迟抽不出来。

开花至灌浆期需水占总需水量的 20%,开花时植株既喜水又怕涝,涝害往往影响花粉的散落,造成授粉不好,影响结实率,而此期干旱又易提前开花,花期缩短,花粉量减少,影响授粉。开花以后,植株的营养物质大量向穗部转移,需要大量的水分供应。水分不足,灌浆受到影响,粒重就会降低。灌浆后期需水量减少,仅为总需水量的 5%左右。

72. 如何进行灌溉与排涝?

灌溉不仅是防止土壤干旱,也是防止大气干旱的最有效的措施。高粱虽是耐旱作物,但要获得高产,仍必须供给充足水分。播前灌溉,包括前一年秋天的灌溉和当年春季的灌溉。秋季灌水水源充足,劳力不受限制,对秋翻质量差的地块,可以弥补质量缺陷。春

灌不如秋灌，灌早了土层有冻层，灌不进大量水，灌晚了地冷浆。春季降水多，影响播期。

高粱后期需水量较少，雨水过多，地内长期积水，对生长不利，应注意排涝工作。虽然高粱是耐涝作物，而且生产实际确有高粱被淹后也有收成，但那是较短时期的。如果高粱根际长期泡水，不但影响好气性细菌对矿质营养转化供给，而且也有贪青晚熟、倒伏导致籽粒不饱满现象，从而影响产量。易发生内涝地块，要在相应时期抓紧排涝。为保证高粱高产稳产，在土壤湿度过大、田面淹水以及低洼、盐碱地区，要疏通积水，排除涝害。南方多雨地区，可采用畦作。北方涝洼区，可采取大垄种植。在地下水位高、经常浸水的地区，可修建条田、台田，以抬高田面，使土壤根层脱离淹泡，减轻涝害。

（五）病虫鸟害防控

73. 利用农业手段如何防治高粱病虫害？

（1）合理轮作：高粱不宜连作，前茬作物以豆类、马铃薯、花生等非禾本科作物最佳。

（2）均衡肥水：每公顷宜施入有机肥 32 500 kg 左右，缓释复合肥（N∶P∶K＝15∶15∶15，总养分含量≥45%）525 kg 左右。孕穗期和灌浆期，遇干旱和雨涝及时灌溉和排涝。

（3）选抗逆品种：选择适宜当地气候条件、抗逆性强、抗病性好、拱土能力优的经过非主要农作物品种登记委员会登记且有包衣的酿酒用高粱品种。

（4）种子处理：播前 10 天内晒种。

（5）去除病苗、弱苗：出苗后及时间苗、定苗，拔除病苗、弱苗，并带出田外集中销毁。

（6）清洁田园：收获时，将病株带出田间集中销毁，并清除田间病残体。

74. 利用物理手段如何防治高粱病虫害?

生育期间,根据靶标害虫虫类和发生情况,采用频振式杀虫灯(1 盏/2 公顷)、诱虫板(300 张/公顷)和性诱装置(15 个/公顷)诱杀害虫,定期清理虫体,集中处置,更换设备。

75. 利用生物手段如何防治高粱病虫害?

农田周边种植苜蓿、芝麻、荞麦等花器较大作物,诱集草蛉、瓢虫等天敌昆虫繁殖。在抽穗期间释放赤眼蜂等天敌昆虫防治螟虫,每隔 7 天放蜂 1 次,一次每公顷 30 万头。在拔节期和抽穗期分别喷施 1 次植物免疫诱抗剂,提高酿酒高粱对病虫害的防御。在病虫害发生期间交替使用印楝素、苦参碱、藜芦碱、蛇床子素、枯草芽孢杆菌等生物药剂进行病虫害防治。

76. 如何利用绿色防控手段防治高粱地下害虫?

(1)农业防控:土壤耕作、翻耕。

(2)物理防控:生育期间开灯诱杀地下害虫的成虫。

(3)生物防控:苗期用 0.5%藜芦碱可溶性剂 500~800 倍液,或 0.5%苦参碱水剂 500~800 倍液,或 0.3%印楝素乳油 300~500 倍液等生物药剂均匀喷施。

77. 如何利用绿色防控手段防治高粱蚜虫?

(1)物理防控:用黄板进行诱杀,离地高度 1.5 m。

(2)生物防控:拔节期和灌浆期均匀喷施 0.5%藜芦碱可溶性剂 500~800 倍液,或 0.5%苦参碱水剂 500~800 倍液等生物药剂。

78. 如何利用绿色防控手段防治高粱玉米螟等害虫?

(1)物理防控:生育期间开灯诱杀成虫,同时安装性诱装置(离地高度 1.5 m),诱杀雄成虫。

(2)生物防控:害虫产卵期,悬挂寄生蜂卵卡 150 枚/公顷,每次

150 000 头左右，间隔 5~7 天，每代放 2~3 次。

拔节期和抽穗期用 0.5%藜芦碱可溶性剂 500~800 倍液，或 0.5%苦参碱水剂 500~800 倍液，或 0.3%印楝素乳油 300~500 倍液等生物药剂均匀喷施。

79. 如何利用绿色防控手段防治高粱炭疽病等病害？

苗期、拔节期、孕穗期喷施 1 000 亿/g 枯草芽孢杆菌可湿性粉剂 1 000~1 200 倍液，或用 1%蛇床子素水剂 500~800 倍液等生物药剂和 5%氨基寡糖水剂 500~800 倍液，或 0.136%赤・吲乙・芸苔可湿性粉剂 2 500~3 000 倍液，或 0.1%S-诱抗素水剂 250~300 倍液等植物免疫诱导剂喷施。

80. 利用化学方法如何防控高粱叶部病害？

高粱叶部病害主要有高粱大斑病、高粱靶斑病和高粱炭疽病。一般用 50%多菌灵可湿性粉剂于发病初期喷洒 500 倍液，叶面喷雾，7~10 天 1 次，连续使用 2~3 次。

81. 利用化学方法如何防控高粱茎部病害？

高粱茎部病害主要有茎腐病、顶腐病和黑穗病。在播种前，用 2.5%烯唑醇可湿性粉剂按种子重量 0.2%拌种，或用 25%三唑酮可湿性粉剂按种子重量 0.3%拌种。

82. 利用化学方法如何防控高粱地下害虫？

高粱的地下害虫主要有蛴螬、地老虎、蝼蛄和金针虫等。在播种前，用 3%辛硫磷颗粒剂，每公顷用 45~60 kg 加少量沙土撒施后翻耕，或用 5%氯吡硫磷颗粒剂，每公顷用 30 kg 加少量沙土撒施后翻耕。

83. 利用化学方法如何防控高粱黏虫？

每平方米有虫 10 头或百株虫口达 30 头时，用 25%灭幼脲 3 号

悬浮剂 2 000 ~ 2 500 倍液喷雾，或用 4.5% 高效氯氰菊酯乳油 1 500~3 000 倍液喷雾，或用 2.5%溴氰菊酯乳油 3 000~4 000 倍液喷雾。

84. 利用化学方法如何防控高粱蚜虫和玉米螟?

蚜虫：有蚜株率达到 15%时，用 10%吡虫啉乳油 1 000 倍液喷雾。

玉米螟：于大喇叭口期，用苏云金杆菌可湿性粉剂(100 亿活芽孢/g)150~200 g 加细沙投施，或用 0.1%高效氯氟氰菊酯颗粒剂拌 10 倍细沙颗粒，丢心，每株 1~1.5 g。

85. 利用化学方法如何防控棉铃虫?

于开花至灌浆期，用 2.5%溴氰菊酯乳油 2 000~2 500 倍液喷施，或用 10%吡虫啉可湿性粉剂 1 500 倍液喷施。

86. 利用化学方法如何防控桃蛀螟?

于开花至乳熟期，用 10%吡虫啉可湿性粉剂 1 500 倍液喷施，或用 50%杀螟松乳油 1 000 倍液喷施。

87. 如何防鸟?

麻雀是农田里最常见、数量最多的鸟类，它们非常聪明机警，有较强的识别能力和记忆力，警惕性非常高。在高粱灌浆期之前的农田中很少能看到麻雀，而到了灌浆期之后，大量麻雀迁飞至农田，为害高粱，严重时可造成高粱减产 50%以上。可以使用以下几种手段进行防治。

驱鸟剂。驱鸟剂的原理是通过一种气味来实现的，它用的是一种天然的原料，能够缓慢地释放一种气味，这种气味能“恶心”到鸟类，以此达到驱鸟的目的。

天敌声音。在地里用录音机播放鸟类天敌的声音，比如用录音机、手机播放老鹰的叫声。

反光丝带。在地里周围围上一圈亮光反射丝带,当阳光照射到反光丝带上,在风中动来动去的反光丝带会让鸟类不敢靠近,具有一定的驱鸟效果。

最新研究表明,麻雀对不同高粱品种存在“挑食”的现象,从而揭开鸟类挑食原因的冰山一角。研究人员首先通过对两个不同的自然群体同时进行多次重复鸟吃或不吃的表型调查,利用全基因组关联分析检测到一个单主效位点 Tannin1 基因,该基因控制单宁的合成,同时也发现了单宁含量与高粱抗鸟呈极显著相关性。该研究揭示,高粱通过 Tannin1 差异调控单宁合成以及脂肪酸来源的挥发物合成高含量的单宁和低浓度的、有香味的挥发物,进而躲避和防御麻雀。此研究既为培育高粱抗鸟新品种提供了重要的基因资源,同时也为利用单宁设计开发新型绿色农药来防治农业鸟害提供了全新的解决方案。

88. 植保机械使用有什么注意事项?

植保机械包括自走式喷杆喷雾机、单旋翼、多旋翼植保无人机等。雾滴直径 250~400 μm。植保无人机距离作物顶端飞行高度≤2 m,飞行速度≤4 m/s,液体流速≥1. 3 L/min。一般作业时要求喷洒均匀,不漏喷、不重喷。

高粱农田使用植保无人机时应注意:

(1)飞行高度适当。飞行作业高度应离高粱顶端不大于 2 m 距离。

(2)飞行作业直线度要高。植保无人机作业必须保持直线飞行,以确保不漏喷、不重喷。

(3)飞行作业速度要均匀。植保无人机作业效果与飞行速度关系密切,切不可过快。应慢速匀速飞行,一般作业时应保持在 4~6 m/s 的匀速飞行。

(4)飞行作业距离要确定。无人机的一个起落最好是飞行一个往返,回到起点换电池和加药,应根据高粱农田田块大小确定。

(5)确定起降地点。植保无人机飞行作业要选好起降地点,起降地点要平,地面要实,以防起降时损坏机器。

高粱农田使用自走式喷杆喷雾机时应注意:

(1)高粱孕穗前,根据高粱植株高度,适当选择合适的自走式喷杆喷雾机进行田间作业。高粱孕穗后不建议使用该植保机械,以免造成高粱倒折。

(2)在地面坡度较大的时候,或者是在高地埂时,沿着高粱行间低速慢行,尽量减少对高粱植株的碾压,否则很容易发生倾覆。

(3)在天气稳定时进行喷雾作业,注意风速、风向对喷雾效果造成影响。严格按照农药配比配制药液。作业过程中展开喷杆将喷雾压力调整到规定值,驾驶人田头打开喷头进行雾化作业,转弯或到田头时及时关闭喷头,以免造成喷药过量而影响高粱生长。

(4)自走式喷杆喷雾机喷头设计较为精致,喷雾较细密且均匀,但是水或药物存在不可溶解的杂质,或者是药物没有完全溶解,很容易导致喷头出现堵塞的情况。故使用时要使药物充分溶解,以减少喷头堵塞的现象。如果发现堵塞,应及时进行清理,以免造成农田药物喷洒不匀。

(5)喷雾作业完成后,药箱内的残余药液要按照农药生产商提供的说明和环保要求妥善处理,不得随意排放,将农药残留所带来的危害降到最低。

89. 如何避免农药中毒?

农药中毒通常是由于农药经口、鼻和皮肤等途径侵入人体而引发的。农民在田间配制或稀释农药、喷洒农药以及检修施药工具时,身体裸露部位皮肤接触农药而引发中毒;田间作业时喷出的粉尘状、雾状农药亦可随空气经呼吸道进入体内而发生农药中毒;误食误饮被农药污染的食物和饮料也会发生中毒。所以,在农业生产中避免农药中毒应做到以下几点:

(1)使用农药时应认真阅读说明书,不得随意混配或加大用量。

(2)不在中午高温下连续长时间施药。

(3)喷药时穿好保护服,戴口罩,不抽烟,不吃东西等。

(4)切勿迎风施药,风大时要停止操作。

(5)严禁用手直接拌药,如喷嘴堵塞,应用水冲洗,切勿用嘴吹。

(6)施完药后及时用肥皂清洗手、脸等易接触农药的部位。

(7)妥善保管农药。

(六)收获与贮藏

90. 高粱乳熟期有何特点?

受精后子房即膨大,不久便进入乳熟期。乳熟期的籽粒外形丰满,绿色或浅绿色,其中充满乳状液汁,挤压时流出乳白色浆液。

91. 高粱蜡熟期有何特点?

蜡熟期的籽粒略带黄色,内含物基本凝固呈黏性蜡状,挤压时籽粒虽破裂但无汁液流出。

92. 高粱完熟期有何特点?

完熟期植株下部的可见叶片已枯死4~6片,上部因品种差异保持6~10片绿叶,穗子和籽粒已呈现出本品种固有的形状和颜色。籽粒含水量在15%~20%之间,当受到一定外力作用时,易落粒的品种籽粒常会落下。

93. 高粱什么时期收获最佳?

蜡熟末期干物质的累积量达到最高值,此时籽粒水分含量20%左右,干物质积累基本结束。因此,蜡熟末期是最适宜的收获时期。

94. 高粱的收获方法有几种?

高粱的收获方法有两种:一种是人工收获,一种是机械收获,目前以机械收获为主。高粱收获穗部较高,普通的谷物联合收获机型

需要进行适当的改进和调整。选用一台性能好的高粱谷物联合收割机,配合一名技术熟练的操作手,可以实现收获高粱产量的95%。基于合适的收割机型选配、良好的保养维护、熟练的操作技术可以减少高粱收集和分选时的损失。因此,高粱联合收获技术的提升是高粱收获质量的保证。同时,高质量的高粱田间收获技术是提高农民种植高粱积极性的重要保障。高粱机械化收获时应注意以下几点:

(1)作业速度。收割机刚开始投入作业时,各部件技术状态处在使用观察阶段,作业负荷要小一些,前进速度要慢些。观察使用一段时间后,技术状态确实稳定可靠且高粱又成熟干燥,前进速度可适当增加。

在正常情况下,若地块平坦、高粱成熟一致、田间杂草较少,可以适当提高收割机的前进速度。高粱在蜡熟初期时,其湿度较大,在收割时,前进速度要选择低些;高粱在蜡熟后期时,湿度较小并且成熟均匀,前进速度可以适当选择高一些。雨后或早晚露水大,高粱秆湿度大,在收割时前进速度要选择低一些;晴天的中午前后,高粱秆干燥,前进速度选择快一些。对于密度大、植株高、丰产架势好的高粱群体,在收割时前进速度要选择慢一点;密度低、矮秆的高粱群体前进速度可选择快一些。

(2)收割幅宽。在收割机技术状态完好的情况下,尽可能进行满负荷作业,割幅掌握在割台宽度的90%为好,但喂入量不能超过规定的范围,在作业时不能有漏割现象。

(3)留茬高度。在保证正常收割的情况下,割茬不宜过低,太低会引起割刀吃泥,这样会加速刀口磨损和损坏。

(4)行走方法。收割机作业时的行走方法有3种:顺时针向心回转法、反时针向心回转法、梭形收割法。在具体作业时,操作手应根据地块实际情况灵活选用。总的原则是卸粮方便、快捷,尽量减少机车空行。

(5)直线行驶。收割机作业时应保持直线行驶,允许微量纠正方向。在转弯时一定要停止收割,采用倒车法转弯或兜圈法直角转弯,不可图快边割边转弯,否则收割机拨禾器会将未割的高粱压倒,造成漏割损失。

(6)适时作业。高粱在蜡熟期之前(没有断浆),严禁收割。对倒伏过于严重的高粱不宜用机械收割。刚下过雨,秸秆湿度大,也不宜强行用机械收割。操作手在具体作业时,要根据实际情况,能够使用机械收割的尽量收割,对特殊情况确实不能机收的就不要用机械收割,以免产生不良结果。

95. 高粱安全贮藏的含水量是多少?

收获的高粱籽粒含水量较高,一般达到 18%左右,因此必须充分干燥。一般充分晾晒 3~4 天,或烘干,含水量近于 13%时即可安全贮藏。

96. 高粱贮藏时期的害虫如何防治?

危害高粱的贮粮害虫主要有玉米象、麦蛾等。一般应入仓前清除虫源,提高粮粒净度,严格掌握贮粮入仓水分。入仓后一旦发现贮粮、器材、用具出现害虫,应立即进行机械、物理和化学药剂防治。

常用熏蒸剂(磷化铝,6~9 g/m^3,密闭 14 天以上;磷化锌,8~13 g/m^3,密闭 14 天以上)和防护剂(马拉硫磷,10~20 mg/kg,安全间隔期 8 个月;甲基嘧啶磷,5~10 mg/kg,安全间隔期 12 个月)进行防治。

五

特殊栽培

97. 什么是覆膜栽培?

覆膜栽培是利用塑料薄膜,在无霜期较短的地区或高海拔冷凉地区获得高粱高产的一项有效的栽培技术。其栽培技术要点如下:

(1)选好良种,适时早播。品种选择叶片上冲、株型紧凑、株高中等或偏矮、生育期短、抗逆性强、产量高并适合当地气候种植的杂交品种。播种时间在地温稳定通过6~7℃时,一般4月25日左右,比露地播种早5~8天。旱地要雨后抢墒播种或抗旱坐水播种。

(2)采取适宜覆膜方式,合理增加种植密度。宜选用厚度为0.01 mm左右的常规地膜或者渗水地膜,膜宽80~120 cm。覆盖可采用如下方式:

①全膜覆盖。大垄宽60 cm,小垄宽40 cm,用幅宽110~120 cm的地膜。

②半膜覆盖。大垄宽60 cm,小垄宽40 cm,用幅宽80 cm的地膜。

播种方法可采用以下方式:

①播种后覆膜。垄作,垄高15~20 cm,小垄宽40 cm,大垄宽60 cm,机械合垄,播种后覆膜。要求覆膜紧贴地面,两边压严,每隔3 m左右压一条防风带,覆土不易过多。

②覆膜后播种。垄作,垄高15~20 cm,小垄宽40 cm,大垄宽

60 cm，机械合垄，覆膜。要求覆膜紧贴地面，两边压严，每隔 3 m 左右压一条防风带。到合适播期时播种，播种深度 3~5 cm，穴播，穴距 15 cm 左右，每穴 2~3 粒，覆土封严。

③膜际播种。垄作，垄高 10 cm 左右，垄宽 60 cm，机械合垄，覆膜。要求覆膜紧贴地面，两边压严，每隔 3 m 左右压一条防风带。到合适播期时膜际播种，播种深度 3~5 cm，条播，覆土封严。

④双沟覆膜播种。垄作，垄高 10 cm 左右，垄宽 60 cm，垄距 20 cm，垄上开双沟，沟距 40 cm，机械合垄，覆膜。要求覆膜紧贴地面，两边压严，每隔 3 m 左右压一条防风带。到合适播期时于双沟内穴播，播种深度 3~5 cm，穴距 30 cm 左右，每穴 2~3 粒，覆土封严。

⑤覆膜播种一次进行。采用覆膜播种机（2MB-1/3 穴播机，配套幅宽 130 cm 地膜）一次完成覆膜播种作业，播种行距 45 cm，穴距 20 cm，播种深度 3~4 cm。

播种后覆膜要进行放苗，放苗孔要小，及时用湿土封严，防止大风起膜。其他播种方式要及时查苗，如有苗孔错位要及时放苗。断垄、断行要及时进行人工补种。一般在 4~5 片叶时进行定苗，留苗密度 120 000~180 000 株/公顷。

（3）科学施肥。科学施肥是高粱覆膜栽培高产的基础。一般以基肥为主，不进行追肥，一般每公顷施三元复合缓释肥 750 kg。

（4）残膜回收。收获后，不能降解的地膜应及时揭膜回收。残膜回收有人工捡拾回收和机械回收 2 种方法，目前以人工捡拾为主。如今，应用较多的残膜回收机为耕后播前残膜回收机。

98. 什么是再生栽培？

高粱每个节间纵沟基部均着生侧芽。利用侧芽长成的分蘖或分枝再收获一季或两季茎秆和籽粒的栽培方法称为再生栽培，这样长成的高粱称为再生高粱。再生高粱的栽培技术要点如下：

（1）选择适宜的高粱品种。再生能力强、分蘖多、熟期早、农艺性状优良的高粱品种。

(2)加强头季高粱的管理。头季高粱必须适时早播,有条件的地方可进行育苗移栽,争取头季高粱提早成熟,使再生高粱有充分的时间生长与发育。

(3)及时砍秆收获。为了不损失第一季的产量,同时又可以保证再生高粱的成苗率,留桩高度应该尽量低并基本一致。一般收获时在离地面 10~15 cm 处砍掉茎秆比较合适。

(4)追肥与灌水。为促进再生高粱的生长,收获后要立即犁垄破畦,条施有机肥或化肥,再覆土。干旱时要及时灌水。

99. 什么是育苗移栽?

育苗移栽就是在苗床集中培育高粱幼苗,在合适的时间进行高粱大田栽植的栽培方法。高粱育苗移栽技术要点如下:

(1)选择适宜品种。育苗移栽增产效果的大小,与所选用的品种关系密切。凡是直播增产潜力大的品种或杂交种,改为育苗移栽时增产潜力较大。由于育苗移栽能相对缩短大田生育时期,故宜选用熟期稍长的高产品种或杂交种育苗移栽效果更好。如选用的移栽品种成熟太早,丰产性能不高,在移栽时往往容易形成“小老苗”,达不到增产的目的,甚至还会造成减产。

(2)育苗。育苗常采用露地育苗和覆膜育苗两种方法。露地育苗通常是在夏季或春季温度较高的地区。覆膜育苗则主要为解决春季苗期温度不足或延长当地高粱生长期时采用。露地育苗应选择在水肥环境较好,移苗便利的地块上,这样有利培养壮苗和苗期管理。覆膜育苗要选择向阳背风的地方。苗床面积依移栽面积而定,一般 1 公顷苗床可移栽 15 公顷地左右。育苗时期一般以移栽前一个月左右为宜。育苗时期应根据品种、移栽时期和温度条件来确定。一般早熟品种要晚些,晚熟品种要早些;提早移栽应早些,晚移栽应晚些;育苗期间温度高,育苗期应晚些,反之温度偏低宜早些。播种前进行苗床灌水,做到足墒播种。播种后,根据土壤墒情适时

镇压,以利出苗。

苗床要精细整地,按照宽 1.5 m,长 10 m 和沟宽 60 cm 开沟作床,以便管理。一般每公顷施优质有机肥 60 000~75 000 kg 和三元复合肥 325~450 kg。播种时要求落籽均匀,条播、撒播均可,播后用细土盖、不露籽,覆土厚度不超过 3 cm,浇水至苗床面湿润。用塑料薄膜保温育苗的,在适宜的条件下 7~10 天即可出苗。出苗后,晴天温度较高,应在上午 9 时到下午 4 时把塑料薄膜部分揭开,防止高温烧苗。当幼苗 3 片叶时可进行疏苗,拔掉过密和生长不良的苗,并进行除草、治虫、施肥。移栽前一周左右,要打开塑料薄膜进行抗寒锻炼。

如果是选择夏、秋两季移栽的,除造好苗床,精细整地抢墒播种外,要计划好育苗和移栽的时间。夏播的,在麦收前 25 天左右播种育苗为宜。秋季温度高,生长快,以移栽前 16~20 天播种为宜。大面积移栽要分期分批育苗。苗床与大田比例以 1∶10 为宜。播种后,出苗前如遇干旱天气,要及时浇水。出苗后,因温度高,生长快,应控制肥水,培育壮苗。

(3)苗床管理。为了培育壮苗,在苗床管理中要及时进行间苗、灌水和清棵。一般以 2~3 片叶龄时间苗与清棵,4~5 片叶龄时再间苗一次为宜。

清棵:清棵是育苗期间比较特殊的管理技术。清棵的目的在于控制次生根的生长,使其不往深土层扎根,起到蹲苗促壮的作用。幼苗长出 3 片叶开始生长次生根,是清棵蹲苗的最佳时间。一般用竹筢或者铁筢把幼苗分蘖节以下的表土扒掉,使分蘖节露出地面,从而导致次生根长不出来或者长得缓慢,促使分蘖节形成粗壮的小节,达到壮苗的目的。清棵后如遇到连阴雨,分蘖节容易再次萌发次生根,应再次进行扒土清棵,避免次生根扎入土层深处。经过清棵的幼苗苗壮敦实,颜色深绿。

起苗:移栽前 1~2 天进行灌水,湿润苗床便于起苗,同时促使次

生根迅速生出，以便起苗时带有大量刚萌发的次生根芽，移栽后可迅速入土，缓苗期短、移栽后成活率高，生长健壮。从苗床起苗时，要把大小苗分开，分别移栽，为大田移栽创造苗齐、苗壮的良好条件，建成合理的群体结构。起苗时不带土坨，剔除病苗和弱苗。对生长不壮、高而纤细的秧苗，可去掉叶尖，减少蒸腾作用，防止水分流失。

(4)移栽。移栽最好选择阴天、雨前雨后或晴天下午进行，提高成活率，缩短缓苗期。移栽苗龄以 6~8 片叶为宜。在同期播种的条件下，苗龄过大，栽后不久甚至在苗床内已经开始了幼穗分化，移栽时因缓苗受到阻碍，穗小粒少，影响产量，苗龄越长，移栽后营养生长期越短，积累养分越少。

如果苗龄适当，栽后营养生长时期长，积累养分多，为幼穗分化创造了良好的条件，则穗大粒多。但过早移栽，早春气温低，返青慢，且苗小而嫩，易受损伤，若管理跟不上，则死苗率增多，产量也不高。夏、秋移栽时可将叶子剪去一部分，以减少叶面蒸发，提高成活率。移栽时，要随起随栽，不可以提前将苗全部起出，那样可能会造成苗根裸露在空气中时间太长，发育受阻。

移栽前要深耕细耙，精细整地，然后开沟，一般沟深 10 cm 左右。移栽的方法有干栽和湿栽两种。干栽指在沟内栽植培土后进行灌水，湿栽指在沟内灌水后栽植，随灌随栽。移栽过程中，要根据当地的土壤情况以及天气状况，来确定移栽的密度。一般每公顷栽苗 120 000~150 000 株为宜。移栽前要制定移栽计划，确定合理的行株距再进行移栽，保证栽植密度。栽植时，要浅栽，一般以 2~3 cm 深为好，栽深了不易缓苗发苗，而且影响壮苗。移栽时，幼苗宜按大、中、小级分别栽植，这样苗株大小一致，便于田间管理。

(5)移栽后管理。高粱移栽后缓苗期一般需要 7~10 天。为了缩短缓苗期，促进秧苗早发，栽植完成后，应该立即浇水，并结合灌水每公顷追施硫酸铵 300~325 kg 做促苗肥，可收到幼苗根叶早生快

发的效果。如移栽后遇连阴雨，应及时排涝，防止因涝害而使幼苗成活率低。

缓苗后，很快进入的拔节期至抽穗期是高粱对水分需要最敏感的时期，且此时高粱长势最旺、发育最快、需肥量最多，因此如遇干旱及时浇水。土壤肥力不足时，结合浇水重施拔节肥，轻施孕穗肥。土壤肥力较高或底肥较多、植株生长健壮时，则采用前轻后重的施肥方法为佳。中耕要按“早、勤、深”的原则进行，以便破除板结、消灭杂草、控制徒长、促进根系发育、防止倒伏。移栽的高粱密度大，易发病虫害，注意病虫害防治。

100. 什么是机械化栽培？

该技术从整地、精量施肥播种、病虫草害综合防控、机械化联合收获四个关键环节，实现高粱全程机械化生产的栽培方式称为高粱机械化栽培。其栽培技术要点如下：

（1）品种选择。根据当地气候、生产条件，选择经国家非主要农作物登记的高产、优质、宜机收（株高 1.6 m 以下）的酿酒高粱品种。

（2）播种机械选择。旋耕机采用旱地旋耕机。播种机采用中小型拖拉机配套精量或半精量播种机（开沟器为滑刀式）进行播种，主要机械类型包括窝眼式和气吸式精量或半精量播种机。

作业质量一般要求，每公顷 112 500～150 000 株，行距 50～60 cm。播种深度 3 cm 左右。

（3）收获时期选择。当高粱籽粒含水量分别为 30.0%、25.0%、20.0%、15.0%、10.0%时，收获损失率分别达 11.2%、10.0%、8.7%、12.5%、16.3%。由此可见，当高粱成熟，籽粒含水率下降到 20%左右时，可进行机械收获。

（4）联合收割机选择。雷沃谷神系列、谷王 TB80B/TE90 系列联合收割机、约翰迪尔 W 系列小麦联合收割机等。作业质量一般要求，割茬高度不大于 15 cm，损失率不大于 5%，清选后杂质不大于 2%，脱净率不小于 98%。如收割时，高粱持绿性较高，收割之前可使

用落叶剂。为了避免秸秆腐化造成倒伏,需要在收割1周前进行喷施。为减少割台处的收集损失,应将外伸护稳板与割台刀具相匹配。尽可能将割台提升至穗柄处切割穗头,减少叶片和秸秆进入收获机。保持割台拨禾轮上的捡拾器的齿速度比行进速度快15%~25%。合理设置脱粒转子和脱粒滚筒速度。通过保持筛网高速气流,在筛选机上安装堵塞报警装置,时常检查残渣的积累情况,防止谷物损失。

附录

酿酒用高粱种植技术规程

（DB 6103/T 28—2021）

1 范围

本文件规定了酿酒用高粱的地块选择、品种选择、生产技术、病虫害防治等关键生产技术环节。

本文件适用于宝鸡市酿酒用高粱生产。

2 规范性引用文件

下列文件中的内容通过文中的规范性引用而构成本文件必不可少的条款。其中，注日期的引用文件，仅该日期对应的版本适用于本文件；不注日期的引用文件，其最新版本（包括所有的修改单）适用于本文件。

GB 4285　农药安全使用规程

GB 4404.1 农作物种子 第1部分：禾谷类

NY/T 496　肥料合理使用准则 通则

3 术语和定义

本文件没有需要界定的术语和定义。

4 地块选择

土层深厚、质地松软、地势平坦、坡度不大于15°的田块为宜。

5 品种选择

选择经国家非主要农作物登记委员会登记，适宜当地条件，高产、优质、抗逆性强的酒用高粱品种。种子质量应符合 GB 4404.1

的规定。

6 整地

秋耕翻，深度 25 cm 左右，或春季旋耕，耱平待播。结合整地施有机肥 1 500 kg~2 000 kg/667 m^2。肥料使用应符合 NY/T 496 的规定。

7 播种

7.1 种子处理

播前晒种 2~3 d，有条件可进行种子包衣或拌种。

7.2 播期

春播，播种期以 4 月下旬到 5 月中旬为宜。夏播不晚于 6 月 20 日。

7.3 播种量

1.0~1.5 kg/667 m^2。

7.4 播种深度

播种深度 2~3 cm。

7.5 施肥

结合播种，施用 N:P:K=15:15:15 的复合肥 25 kg/667 m^2。肥料使用应符合 NY/T 496 的规定。

7.6 播种模式

7.6.1 常规播种

采用精量播种机条播，行距 40~50 cm。

7.6.2 覆膜播种

选幅宽 70 cm，厚 0.005~0.007 mm 农用地膜，用覆膜播种机具一次完成播种覆膜作业，出苗后及时放苗。

8 田间管理

8.1 除草

播种后出苗前，选用 38%莠去津水悬浮剂 160~250 mL/667 m^2，

或用96%精异丙甲草胺乳油90~120 mL/667 m^2,兑水50 kg喷雾。农药使用应符合GB 4285的规定。

8.2 定苗

4~5片叶定苗。一般品种密度为6 000~7 000株/667 m^2;早熟、矮秆、株形紧凑型品种密度为8 000~10 000株/667 m^2。

8.3 中耕

第一次中耕在定苗后,第二次中耕在拔节期,中耕深度为2 cm左右。

8.4 病虫害防治

主要病害及虫害防治方法见附录A。农药使用应符合GB 4285的规定。

9 收获与贮藏

9.1 收获

蜡熟末期,即穗下部籽粒用手挤压没有乳状物流出时可人工收获;完熟期,即当籽粒变硬呈固有粒型和粒色时可机械收获。

9.2 贮藏

收获的籽粒及时晾晒,当籽粒含水量不大于13%时入库贮藏。

附录 A
（资料性）
主要病虫害种类及防治方法

A.1 主要病害种类及防治方法

详见表 A.1。

表 A.1 主要病害种类及防治方法

病害名称		防治方法
叶部病害	高粱靶斑病、高粱炭疽病	农业防治：选用抗病品种。
		药剂防治：发病初期用 50%多菌灵可湿性粉剂 500 倍液叶面喷雾，7～10 d 喷 1 次，连防 2～3 次。
茎部及穗部病害	高粱丝黑穗病、高粱茎腐病、高粱顶腐病	农业防治：选用抗病品种。
		药剂防治：用 2.5%烯唑醇可湿性粉剂，以种子重量 0.2%拌种，或 25%三唑酮可湿性粉剂，以种子重量 0.3%拌种。

A.2 主要虫害种类及防治方法

详见表 A.2。

表 A.2 主要虫害种类及防治方法

虫害名称		防治方法
地下害虫	蛴螬、蝼蛄、金针虫、地老虎等	用 3%辛硫磷颗粒剂 3～4 kg/667 m^2，拌 150 kg 沙土撒施土壤表面后翻耕。

续表

虫害名称		防治方法
生育期害虫	蚜虫	农业防治:选用抗虫品种。 药剂防治:用 10%吡虫啉乳油 1 000 倍液,或 2.5%溴氰菊酯乳油 3 000~5 000 倍液喷雾。
	黏虫	农业防治:成虫产卵期在田间插草把,诱蛾产卵,将卵集中消灭。 药剂防治:用 2.5%溴氰菊酯乳油 25 mL 兑细沙 1 kg 制成颗粒剂,1 kg/667 m^2,丢心。
	玉米螟	生物防治:田间百株上螟虫卵块达 2~3 块时第 1 次放蜂,5~7 d 后进行第 2 次放蜂,每次放蜂 2 万头/667 m^2。 药剂防治:参照黏虫药剂防治。
	棉铃虫	药剂防治:于开花期用 2.5%溴氰菊酯乳油 2 000~2 500 倍液,或用 10%吡虫啉可湿性粉剂 1 500 倍液喷施,每隔 7 d 喷 1 次,连防 2~3 次。

西凤酒专用高粱产地环境
（Q/XFJ 022.1—2021）

1 范围

本文件规定了陕西西凤酒专用高粱生产的产地环境要求、空气质量、土壤质量、采样和监测方法和档案管理的要求。

本文件适用于陕西西凤酒专用高粱产地环境管理。

2 规范性引用文件

下列文件中的内容通过文中的规范性引用而构成本文件必不可少的条款。其中，注日期的引用文件，仅该日期对应的版本适用于本文件；不注日期的引用文件，其最新版本（包括所有的修改单）适用于本文件。

GB 15618 土壤环境质量标准；

GB/T 15432 环境空气总悬浮颗粒物的测定；

GB/T 17141 土壤质量 铅、镉的测定 石墨炉原子吸收分光光度法；

GB/T 22105.1 土壤质量 总汞、总砷、总铅的测定 原子荧光法 第1部分：土壤中总汞的测定；

GB/T 22105.2 土壤质量 总汞、总砷、总铅的测定 原子荧光法 第2部分：土壤中总砷的测定；

NY/T 53 土壤全氮测定法（半微量开氏法）；

NY/T 391 绿色食品 产地环境质量；

NY/T 889 土壤速效钾和缓效钾含量的测定；

NY/T 1054 绿色食品 产地环境调查、监测与评价规范；

NY/T 1121.6 土壤检测第6部分：土壤有机质的测定；

NY/T 1377 土壤 pH 的测定；

NY/T 1613 土壤质量 重金属测定 王水回流消解原子吸收法；

HJ 479 环境空气 氮氧化物的测定 盐酸萘乙二胺分光光度法；

HJ 480 环境空气 氟化物的测定 滤膜采样氟离子选择电极法；

HJ 482 环境空气 二氧化硫的测定 甲醛吸收-副玫瑰苯胺分光光度法；

HJ 491 土壤和沉积物 铜、锌、铅、镍、铬的测定 火焰原子吸收分光光度法；

HJ 704 土壤 有效磷的测定 碳酸氢钠浸提-钼锑抗分光光度法。

3 产地环境要求

陕西西凤酒专用高粱种植应选择无污染和生态条件良好地区。远离工矿区和公路铁路干线，避开工业和城市污染源的影响。距离省道以上等级公路 100 m 以外。

4 空气质量

空气质量应符合表1和NY/T 391的规定。

表1 空气质量要求

项目	指标		测定方法
	日平均	1 h	
总悬浮颗粒物(TSP),mg/m^3,≤	0.30	—	GB/T 15432
二氧化硫(SO_2),mg/m^3,≤	0.15	0.50	HJ 482
氮氧化物(NO_X),mg/m^3,≤	0.10	0.15	HJ 479
氟化物(F),$\mu g/m^3$,≤	7.0	20.0	HJ 480

注：日平均指任何一日的平均浓度；1h 平均指任何 1h 的平均浓度。

5 土壤质量

5.1 土壤环境质量状况

土壤质地良好,通气、透水性强,以保肥、保水能力较强的黄绵土、沙壤土为佳。土壤 pH 值 6.5~8.5。土壤 pH 测定应符合 NY/T 1377 的规定。土壤中镉、汞、砷、铅、铬、铜的含量应符合表 2 的要求。其他污染物浓度应符合 GB 15618 的规定。

表 2 土壤环境质量要求

项目	土壤质量要求	检测方法
总镉,mg/kg	≤0.3	GB/T 17141
总汞,mg/kg	≤0.5	GB/T 22105.1
总砷,mg/kg	≤12	GB/T 22105.2
总铅,mg/kg	≤30	GB/T 17141
总铬,mg/kg	≤70	HJ 491
总铜,mg/kg	≤45	NY/T 1613

5.2 土壤肥力状况

土壤肥力应符合表 3 的规定。

表 3 土壤肥力要求

项目	土壤肥力要求	检测方法
有机质,g/kg	>10.00	NY/T 1121.6
全氮,g/kg	>0.80	NY/T 53
有效磷,mg/kg	>5.00	HJ 704
速效钾,mg/kg	>80	NY/T 889

6 采样和监测

环境空气、土壤质量采样和监测应按照 NY/T 1054 的规定执行。

7 档案管理

档案资料主要包括质量管理体系文件、产地生产合同和生产过程控制报告。文件记录至少保存 3 年,档案资料由专人保管。

西凤酒专用高粱生产技术规程
(Q/XFJ 022.2—2021)

1 范围

本文件规定了西凤酒专用高粱生产的术语和定义、产地环境、播前准备、整地施肥、田间管理、病虫害防治、收获、包装贮运和生产档案等技术环节。

本文件适用于西凤酒专用高粱生产。

2 规范性引用文件

下列文件中的内容通过文中的规范性引用而构成本文件必不可少的条款。其中,注日期的引用文件,仅该日期对应的版本适用于本文件;不注日期的引用文件,其最新版本(包括所有的修改单)适用于本文件。

GB 2763 食品安全国家标准 食品中农药最大残留限量;

GB 4404.1 粮食作物种子 第一部分:禾谷类;

GB 15618 土壤环境质量 农用地土壤污染风险管控标准(试行);

GB 16151 农业机械运行安全技术条件;

GB/T 8321 农药合理使用准则;

GB/T 22497 粮油储藏 熏蒸剂使用准则;

GB/T 22498 粮油储藏 防护剂使用准则;

GB/T 29890 粮油储藏技术规范;

NY/T 391 绿色食品 产地环境质量;

NY/T 393 绿色食品 农药使用准则；

NY/T 496 肥料合理使用准则通则；

T/CIQA 6 生态原产地产品保护示范区建设及评审技术规范。

3 术语与定义

下列术语和定义适用于本文件。

3.1 西凤酒专用高粱

在适宜生态区域内生产，籽粒呈红褐色，淀粉含量≥60%，单宁含量(1.0±0.5)%，用于酿造西凤酒的专用高粱。

4 产地环境

4.1 环境条件

降水量350 mm以上，无霜期120 d以上。产地生态环境良好，远离污染源，具有可持续生产能力的农业生产区域。产地环境应符合NY/T 391的规定。产地建设符合T/CIQA 6规定。

4.2 土壤条件

选择梯田、塬地、沟台地、15°以下缓坡地及能排洪涝的旱坝地，土质疏松、肥力中上等、透气性良好，中性或弱碱性，pH为7.5~8.5。土壤环境质量应符合GB 15618的规定。

5 播前准备

5.1 品种选择

选用通过登记的品种，适宜当地生态气候条件，优质丰产、抗逆性强、生育期适中、商品性好的优良品种。种子质量应符合GB 4404.1的规定。

5.2 种子处理

播前种子精选，筛选籽粒饱满、粒大、活力强的种子，剔除杂质、病虫粒、破碎粒。选晴天将种子均匀摊开晾晒2~3 d。进行种子包衣处理。药剂使用应符合GB 2763和GB/T 8321的规定。

6　整地施肥

6.1　轮作倒茬

前茬选择马铃薯、玉米、谷子、豆类等地块，避免重茬、迎茬。

6.2　精细整地

耕深以 15~20 cm 为宜。深耕后及时进行耙耱，疏松表土。

6.3　施足基肥

基肥以有机肥为主，使用量 30 000 kg/hm^2，配合施入磷酸二铵 150 kg/hm^2，尿素 300 kg/hm^2，随翻耕施入。肥料使用应按 NY/T 496 的规定。

7　播种

7.1　播期

根据当地气候条件和耕作制度，适期播种。5~10 cm 地温稳定通过 10~12 ℃即可播种。一般适宜播种期在 4 月下旬至 5 月上中旬。

7.2　播量

播种量 7.5~15 kg/hm^2。

7.3　密度

中晚熟品种密度 12 万~15 万株/hm^2；早熟品种密度 18 万~22.5 万株/hm^2；矮秆耐密品种密度 30 万~37.5 万株/hm^2。

8　田间管理

8.1　间定苗

4~5 叶进行间定苗。间苗后中耕除草 1~2 次。

8.2　化学除草

播后苗前进行封闭除草。4~5 叶根据田间杂草发生情况进行茎叶除草。除草剂使用应符合 GB 2763 和 GB/T 8321 的规定。

8.3　追肥

10~14 叶根据田间长势情况，结合降雨进行追肥。尿素追施量

300 kg/hm^2。肥料使用应符合 NY/T 496 的规定。

9 病虫害防治

9.1 主要病虫害

病害主要有高粱大斑病、高粱靶斑病、高粱炭疽病、高粱茎腐病、高粱顶腐病、高粱纹枯病、高粱黑穗病等。

虫害主要有高粱蚜虫、桃柱螟、玉米螟、高粱条螟、棉铃虫、黏虫、蛴螬、蝼蛄、金针虫、地老虎等。

9.2 防控原则

按照“预防为主,综合防治”的原则,采用农业防治、物理防治、生物防治技术,创造利于天敌繁殖生长的生态环境,科学合理使用高效低毒低残留化学农药进行防治。

9.3 防控方法

9.3.1 农业防治

选用抗病性和适应性较强的优良品种,实行轮作倒茬、合理间套作。收获后应及时清除农田秸秆、田间杂草,降低病源、虫源基数。

9.3.2 物理防治

采用播前晒种,色诱、光诱、性诱等物理装置等。

9.3.3 生物防治

保护利用自然天敌,利用七星瓢虫防治高粱蚜,利用赤眼蜂防治高粱螟虫。

9.3.4 化学防治

农药使用应符合 GB 2763、GB/T 8321 和 NY/T 393 的规定。

10 收获

10.1 机械联合收获

在籽粒达到完熟期、含水量降到20%左右时,用高粱专用收获机或改型的小麦、大豆收获机收获。机械运行安全应符合 GB 16151

的规定。

10.2　晾晒脱粒

收获后及时晾晒,脱粒后进行清选。收获及晾晒脱粒过程中,所用工具要清洁、卫生、无污染。

11　包装贮运

11.1　储藏

籽粒含水量降至13%以下入库储藏。储藏环境应符合GB/T 29890的规定。储粮过程中药剂使用符合GB/T 22497、GB/T 22498的规定。仓库需有良好的防湿、隔热、通风、密闭性能,严防霉变、虫蛀和污染。

11.2　运输

运输工具要清洁、干燥、有防雨设施。严禁与有毒、有害、有腐蚀性、有异味的物品混运。

12　生产档案

建立西凤酒专用高粱生产全程质量追溯制度。建立生产档案,详细记录种子、农药、化肥等生产资料投入使用情况以及播种、田间管理、收获等生产过程信息。档案保存期不少于3年。

西凤酒专用高粱主要病虫害防治技术规程
(Q/XFJ 022.3—2021)

1 范围

本文件规定了西凤酒专用高粱病虫害防控的防治原则、防治对象和防控措施。

本文件适用于西凤酒专用高粱生产中病虫害预测与防控。

2 规范性引用文件

下列文件中的内容通过文中的规范性引用而构成本文件必不可少的条款。其中,注日期的引用文件,仅该日期对应的版本适用于本文件;不注日期的引用文件,其最新版本(包括所有的修改单)适用于本文件。

GB 2763 食品安全国家标准 食品中农药最大残留限量;

GB 4404.1 粮食作物种子 第1部分:禾谷类;

GB/T 8321 农药合理使用准则;

NY/T 1276 农药安全使用规范总则;

NY/T 1997 除草剂安全使用技术规范通则。

3 防治原则

病虫害防控按照“预防为主,综合防治”的植保方针,采用生态调控、农业防治、生物防治、物理防治和科学用药等技术与方法,有效控制病虫害,实现安全生产。农药施用应符合 GB/T 8321 和 NY/T 1276 的规定。

4 防治对象

4.1 高粱病害

主要病害有高粱靶斑病、高粱炭疽病、高粱茎腐病、高粱顶腐病、高粱纹枯病、高粱黑穗病等。常见病害为害症状见附录 A。

4.2 高粱虫害

主要虫害有高粱蚜虫、桃柱螟、玉米螟、高粱条螟、棉铃虫、黏虫、蛴螬、蝼蛄、金针虫、地老虎等。常见虫害为害症状见附录 B。

5 防控措施

5.1 地块选择

选用地势平坦,耕层深厚,肥力均匀,土壤保墒、排灌良好的地块为宜。合理轮作倒茬,与马铃薯、花生、谷子、糜子、豆类等作物实行 3 年以上轮作。

5.2 品种选择

选择通过国家及省级登记,商品质量优良、优质高产、抗病新品种。种子质量应符合 GB 4404.1 的规定。

5.3 种子处理

播前严格精选种子,清除病粒、虫粒。根据高粱病虫害防治种类进行药剂拌种或者种子包衣。农药使用应符合 GB 2763 和 GB/T 8321 的规定。

5.4 适时播种

当 5~10 cm 地温稳定在 10~12 ℃、土壤含水量达到田间持水量 60%~70%时播种。播种深度 2~3 cm。

5.5 化学除草

采用播后苗前土壤喷雾或茎叶喷雾。播后苗前土壤喷雾可选择 50%异甲·莠去津悬乳剂,1 500~3 000 mL/hm^2。茎叶喷雾于高粱 4~5 叶期,阔叶杂草 2~4 叶期即杂草高度 10~15 cm 左右时期施药,选择 40%二氯喹啉酸·莠去津悬浮剂,2 100~2 700 mL/hm^2,或 25%氯氟吡氧乙酸异辛酯乳油,750~900 mL/hm^2。除草剂的配制和

施用应符合 NY/T 1997 的规定。

5.6 整地施肥

前茬作物收获后及时深耕翻晒。播前平整土地,耙耱碎土,施入充分腐熟的有机肥,底肥施用有机肥 30 t/hm^2,磷酸二铵 450 kg/hm^2。肥料使用应符合 NY/T 496 的规定。

5.7 田间管理

出苗后及时调查田间苗情,去掉弱苗、小苗和病苗,病苗带出田外集中销毁。拔节期中耕培土,孕穗期和灌浆期遇干旱及时灌溉。在多雨季节应及时排水。收获时,及时将田间高粱黑粉病穗带出田外烧毁或深埋。在镰孢菌茎腐病、顶腐病及黑束病发生严重的地块,清除田间病残体。

5.8 物理防治

利用成虫趋光性,6 月末至 7 月末,在地块及其附近设置高压汞灯或频振式杀虫灯进行螟虫诱杀,灯距 100~150 m。

5.9 生物防治

在早春玉米螟越冬幼虫化蛹前,用孢子含量 80 亿~100 亿个/g 的白僵菌粉喷粉或分层撒在高粱及玉米秸秆垛上,用量 100 g/m^3;或在高粱生长季放蜂 2~3 次,玉米螟虫一年发生 2 代以上地区可在螟虫产卵初始、盛期和末期各放赤眼蜂 1 次。田间百株高粱上玉米螟虫卵块达 1~2 块时进行第一次放蜂,间隔 5~7 d 进行第二次放蜂,每公顷分 75~90 点释放,每次放蜂 30 万头。

5.10 药剂防治

根据有效成分与当地出售的商品药剂进行换算使用。根据病虫害发生情况,每隔 7~10 d 喷 1 次,连施 2~3 次。农药使用应符合 GB 2763 和 GB/ T 8321 的规定。田间药剂防治方法见附表 C。

附录 A
(资料性)
高粱主要病害为害症状

A.1 高粱靶斑病

主要为害叶片和叶鞘。发病初期,叶面上出现淡紫红色或黄褐色小斑点,后成椭圆形、卵圆形至不规则圆形病斑,常受叶脉限制呈长椭圆形或近矩形。病斑颜色常因高粱品种不同而变化,呈紫红色、紫色、紫褐色或黄褐色。有时病斑迅速扩展,中央变褐色或黄褐色,具明显的浅褐色和紫红色相间的同心环带,大小1~100 mm不等,似不规则的"靶环状",故称靶斑病。高粱抽穗前开始症状尤为明显,籽粒灌浆前后,感病品种植株的叶片和叶鞘自下而上被病斑覆盖,多个病斑汇合导致叶片大部分组织坏死。

A.2 高粱炭疽病

主要为害叶片,也可侵染茎秆、穗梗和籽粒。感病品种株龄50天以后叶片上即开始出现病斑。病斑常从叶尖处开始发生,较小,(2~4) mm×(1~2) mm,圆形或椭圆形,中央红褐色,边缘依不同高粱品种呈现紫红色、橘黄色、黑紫色或褐色,后期病斑上形成小的黑色分生孢子盘。遇高温、高湿或高温多雨的气候条件,病斑数量增加并互相汇合成片,严重时可使叶片局部枯死。叶鞘上病斑椭圆形至长形,红色、紫色或黑色,其上形成黑色分生孢子盘。叶片和叶鞘均发病时,常造成落叶和减产。病菌还可侵染地上部茎基处,诱发幼苗猝倒病和茎腐病。

A.3 高粱茎腐病

主要为害高粱根部和茎基部,表现根腐和茎腐两种症状。该病导致病株籽

粒灌浆不饱满,生长势弱或花梗折断,茎秆破损及植株倒伏。先在植株下部的第二或第三节间处形成小圆形至长条状、淡红色至暗紫色的小型病斑,植株髓部变淡红色。叶片骤然青枯呈淡蓝灰色,很似霜害或日灼状。病株穗部失去光泽,且明显比正常穗小,多数小花不育,籽粒瘪瘦。开花后的病株易从茎腐部位倒伏或发生花梗折断。

A.4 高粱顶腐病

典型症状是植株近顶端叶片变畸形、折叠和变色。在植株喇叭口期,顶部叶片沿主脉或两侧出现畸形、皱缩,不能展开。发病严重时,病菌侵染叶片、叶鞘和茎秆,造成植株顶部 4~5 片病叶皱缩,顶端枯死,叶片短小,甚至仅残存叶耳处部分组织。在发病轻的病株上,表现出类似由玉米矮花叶病毒引起的黄叶斑症状,或由细菌引起的黄色叶斑病症状。一般叶片基部皱缩,边缘有许多小的横向刀切状缺刻,切口处褪绿呈黄白色。随着病株生长,叶片伸展,顶端呈撕裂状,断裂处组织变黄褐色,叶片局部有不规则孔洞出现。病株根系不发达,根冠及基部茎节部呈黑褐色。植株花序受侵染时可造成穗部短小,轻者小花败育干枯,重者整穗不结实。一些品种染病后,植株顶端叶片彼此扭曲、包卷,呈长鞭弯垂状,嵌住新叶顶部,使继续生长的新叶呈弓状。叶鞘、茎秆染病,导致叶鞘干枯,茎秆变软倒伏。田间湿度大时,病株被害部位表面密生粉红色霉层。

A.5 高粱黑束病

在高粱植株整个生长期均可表现症状,苗期造成死苗。成株期症状明显,发病初期叶脉黄褐色或红褐色,随之沿中脉的叶片出现相同色条斑,逐渐发展纵贯整个叶片,最后叶脉呈紫褐色或褐色。从叶尖、叶缘向基部及叶鞘扩展,叶片失水,导致叶片干枯。在感病植株的上部叶片和新梢先出现枯死。剖开茎秆可见维管束变红褐或黑褐色,故有黑束病之称。严重时,整株从顶部叶片开始自上而下迅速干枯,后期死亡。有的病株上部茎秆变粗,出现分蘖,不能正常抽穗和结实。潮湿环境下,病株叶基部、叶鞘上出现灰白色霉状物,即分生孢子梗和分生孢子。

A.6 高粱纹枯病

从高粱的苗期到成株期皆可侵染发病,主要为害叶片和叶鞘。发病初期叶片上形成小的圆形病斑,淡红褐色或黄褐色,边缘具黄色晕圈,后逐渐扩大,呈长椭圆形、长梭形,中央淡褐色,边缘紫红色,成熟病斑大小(50~140)mm×

(10~20)mm。严重时病斑汇合成不规则形,或发展成长条纹状病斑,导致叶片枯死。在温暖和潮湿条件下,病斑上产生大量的淡灰色分生孢子,后期病斑变烟灰色,产生大量的黑色小菌核,易被抹掉。

A.7 高粱丝黑穗病

主要发生在高粱穗部,使整个穗部变成黑粉。在孕穗打苞期出现明显症状,病穗苞叶紧实,中下部稍膨大且色深,手捏有硬实感,剥开苞叶穗部显出白色棒状物,外围一层白色薄膜,抽穗后白色薄膜破裂,散出大量黑色粉末(病菌冬孢子),露出散乱的成束丝状物(俗称乌米),故称为丝黑穗病。主秆的乌米打掉后,以后长出的分蘖穗仍然形成黑穗。有的病穗基部可残存少量小穗分枝,但不能结实。有的病株穗部形成丛簇状病变叶,有的形成不育穗。病株常表现矮缩,节间缩短,特别是近穗部节间缩短严重。

附录B
（资料性）
高粱主要虫害为害症状

B.1 高粱蚜

以成蚜、若蚜刺吸植株汁液，在高粱生长整个生育期均可为害。初发期多在下部叶片为害，逐渐向植株上部叶片扩散。叶背布满虫体，并分泌大量蜜露，滴落在下部叶面和茎上，油亮发光，故称“起油株”，影响植株光合作用，且易引起霉菌寄生，致被害植株长势衰弱，发育不良，造成叶色变红，“秃脖”“瞎尖”，穗小粒少，籽粒单宁含量高，米质涩，严重影响高粱的产量与品质。此外，蚜虫还可传播高粱矮花叶病毒。

B.2 玉米螟

以幼虫蛀茎为害，一般3龄以下幼虫“潜藏”为害，4~5龄为钻蛀为害。初孵幼虫潜入心叶丛，蛀食心叶造成针孔或“花叶”。3龄后幼虫蛀食，叶片展开时出现排孔。高粱进入孕穗期，幼虫开始取食幼穗，蛀入穗轴或茎秆。受害植株营养及水分输导受阻，长势衰弱、茎秆易折，穗发育不良，籽粒干瘪，遇风倒伏。

B.3 棉铃虫

幼虫为害高粱主要钻蛀果穗，也可取食叶片，取食量明显较高粱螟虫大，因此对果穗造成的危害更严重。一般1~2龄幼虫主要为害高粱叶片，3龄后的幼虫开始钻蛀幼穗，造成结实不良、籽粒破碎，加重穗腐病发生。

B.4 桃柱螟

主要在穗期为害高粱。初孵幼虫首先取食叶片，当高粱籽粒形成后，很快开始蛀食幼嫩籽粒，并吃空一粒再转一粒。3龄幼虫常吐丝结网，啃食籽粒或蛀入穗柄、茎秆等。夏高粱穗上的桃蛀螟幼虫数量很大,一直在穗上为害至收获,如不及时收获,将造成更大的损失以及穗腐病的发生。

B.5 黏虫

黏虫以幼虫为害,低龄幼虫潜伏在心叶中,啃食叶肉造成孔洞。3 龄以上幼虫为害叶片后,呈现不规则缺刻,暴食时,可吃光叶片,只剩植株主脉,再结队转移其他田为害,损失较大。

B.6 蛴螬

成虫和幼虫均可为害。幼虫在地下咬断高粱根茎,咬口整齐,造成减产。成虫取食高粱叶片造成危害。

B.7 蝼蛄

主要取食高粱幼苗的幼根及幼茎等。被害处呈现乱麻丝状;蝼蛄在地表土层 5~15 cm 串动,形成纵横弯曲的隧道,使土壤松动风干,幼苗、幼根干枯而死,造成缺苗、断垄。

B.8 金针虫

主要为害高粱幼芽,可咬食刚出土的幼苗,被害处不完全咬断,断口不整齐。为害株后期干枯而死亡。

B.9 地老虎

幼虫啃食高粱幼苗茎基部,将其咬断,致使幼苗死亡,造成缺苗断垄,严重时可造成毁种。

附录 C
(资料性)
高粱主要病虫害防治方法

高粱主要病害防治方法

病害名称	防治方法
丝黑穗病、顶腐病、黑束病	播种前用 60 g/L 戊唑醇悬浮剂,100~200 mL/100 kg 进行种子包衣。
靶斑病、炭疽病	喇叭口期用 50%多菌灵可湿性粉剂 500 倍液叶面喷雾,或 32.5%苯甲·嘧菌酯悬浮剂 300 g/hm^2 叶面喷雾,7 d~10 d 喷 1 次,连施 2~3 次。
茎腐病、纹枯病	播种前用 2.5%烯唑醇可湿性粉剂拌种,以种子重量 0.2%拌种;或 25%三唑酮可湿性粉剂拌种,以种子重量 0.3%拌种。苗期或拔节期,用 96%噁霉灵水剂,3 000 倍液喷施高粱根茎基部。

高粱主要虫害防治方法

害虫名称	防治方法
高粱蚜	当 100 株蚜虫量大于 1 000 头,或有蚜株率达到 15%时及时防治。用 70%吡虫啉可湿性粉剂 45~105 g/hm^2 叶面喷雾。
玉米螟	在大喇叭口期,用苏云金杆菌可湿性粉剂(100 亿活芽孢/g)150~200 g 加细沙在心叶期投施,或 0.1%高效氯氟氰菊酯颗粒剂拌 10 倍细沙颗粒投撒,每株 1~1.5 g。

续表

害虫名称	防治方法
棉铃虫	在开花至灌浆期,用2.5%溴氰菊酯乳油2 000~2 500倍液喷施,或10%吡虫啉可湿性粉剂1 500倍液喷施。
桃柱螟	在开花至乳熟期,用10%吡虫啉可湿性粉剂1 500倍液喷施,或50%杀螟松乳油1 000倍液喷施。
蛴螬、蝼蛄、金针虫、地老虎	播种前用3%辛硫磷颗粒剂,用45~60 kg/hm^2加少量沙土撒施后翻耕,或5%氯吡硫磷颗粒剂30 kg/hm^2加少量沙土撒施后翻耕。
黏虫	每平方米有虫10头或百株虫口达30头时,用25%灭幼脲3号悬浮剂2 000~2 500倍液喷雾防治低龄幼虫,或4.5%高效氯氰菊酯乳油1 500~3 000倍液喷雾,或2.5%溴氰菊酯乳油3 000~4 000倍液喷雾。

西凤酒专用高粱加工技术规程

(Q/XFJ 022.4—2021)

1 范围

本文件规定了西凤酒专用高粱加工操作技术规范的适用范围、加工场所、基本要求、原料要求、加工过程控制、检验控制和记录控制。

本文件适用于西凤酒专用高粱加工。

2 规范性引用文件

下列文件中的内容通过文中的规范性引用而构成本文件必不可少的条款。其中,注日期的引用文件,仅该日期对应的版本适用于本文件;不注日期的引用文件,其最新版本(包括所有的修改单)适用于本文件。

GB 2715 食品安全国家标准 粮食;

GB 5749 生活饮用水卫生标准;

GB/T 8231 高粱;

GB 14881 食品安全国家标准 食品生产通用卫生规范;

NY/T 391 绿色食品 产地环境技术条件;

NY/T 658 绿色食品 包装通用准则;

NY/T 896 绿色食品 产品抽样准则;

NY/T 1055 绿色食品 产品检验规则;

NY/T 1056 绿色食品 贮藏运输准则。

3 加工场所基本要求

3.1 环境条件

加工厂所处的大气环境符合 NY/T 391 的规定。水源中的各项污染物含量符合 GB 5749 的规定。厂址周围 1 000 m 之内不得有排放“三废”的企业等。

3.2 生产条件

厂区设计必须符合 QS 认证的《食品生产许可证审查通则》对环境、卫生的规定和要求。生产车间配备原料库、包装材料库、成品库、辅助车间和动力设施、供水系统、排水系统、监测设施等。运输工具与管理、仓贮措施应符合 NY/T 1056 的规定。

3.3 卫生设施

3.3.1 厂区卫生

厂区应有更衣室、盥洗室、工作室，应配有相应的消毒、通风、照明、防鼠、防蝇、防蟑螂、防虫、污水排放、垃圾和废弃物处理的设施。垃圾存放处远离生产车间、原粮和成品库，垃圾应定期清理出厂，并对垃圾存放处随时消毒。

3.3.2 车间卫生

车间内有通风、散热设施，防止粉尘污染。车间内必须保持清洁卫生。更衣室与生产车间紧相邻，内设更衣柜。生产设备使用的润滑油不得滴漏，设备中的滞留物料必须定期清理，防止霉变。门窗完整、紧密，并具有防蝇、防虫、防鼠功能。

3.3.3 设备选择

所选设备应符合食品卫生要求。

4 原料要求

4.1 地域和品种要求

采购加工的原料高粱应是西凤酒专用高粱基地的产品。原料

要求应符合相关法律法规和标准规定。

4.2 质量要求

产品质量应符合 GB 2715 和 GB/T 8231 的规定。西凤酒专用高粱质量要求具体见表 1。

表 1 西凤酒专用高粱质量要求

等级	容重 g/L	不完善粒 %	单宁 %	水分 %	杂质 %	带壳粒 %	色泽气味
1	≥740	≤3.0	≤1.5	≤14.0	≤1.0	≤5.0	正常
2	≥720						
3	≥700						

4.3 原粮包装

检验合格的原粮统一包装,统一标识。按 NY/T 658、NY/T 896 与 NY/T 1056 的规定进行包装、运输和贮存,存入原粮库,各项操作避免机械损伤、混杂,防止二次污染。

4.4 运输与储存

4.4.1 运输应使用符合卫生要求的运输工具,运输过程中应注意防止雨淋和被污染,不应与有毒有害物品混装。定期检查原料质量。

4.4.2 应设置与生产能力相适应的仓库,仓库应密闭且具有良好的通风性能,并具有防潮、防鼠、防虫措施,禁止与有毒有害物质或含水量较高的物质混存。

4.4.3 码垛堆存放时,垫板与地面间距离不得小于 20 cm,堆垛离四周墙壁 50 cm 以上,堆垛与堆垛之间应保留 50 cm 通道。

5 加工过程控制

5.1 加工用水

加工用水应符合 GB 5749 的规定。

5.2 生产卫生要求

生产加工过程的卫生要求应符合 GB 14881 的规定。

6　检验控制

6.1　应有适应的检验(化验)室和检验设备。

6.2　检验人员应对原料进厂、加工直至成品出厂全过程进行监督检查。

6.3　检验规则

检验应符合 GB 14881、NY/T 1055 的规定。

6.4　检验方法

按 NY/T 896 规定执行。

6.5　判定规则

按 NY/T 896 规定执行。

7　记录控制

7.1　各项检验控制应有原始记录。所有记录应真实、准确、规范,字迹清楚,不得损坏、丢失、随意涂改,并具有可追溯性。

7.2　各项原始记录按规定保存。

7.3　原始记录格式规范、填写认真、字迹清晰。

7.4　档案管理。档案资料主要包括质量管理体系文件、生产加工计划、产地合同、生产加工数量、生产过程控制、产品检测报告、人员健康体检报告与应急情况处理等控制文件。文件记录至少保存 3 年,档案资料由专人保管。

西凤酒专用高粱成品仓储规范

（Q/XFJ 022.5—2021）

1 范围

本文件规定了西凤酒专用高粱仓储管理要求、运输管理要求、仓储运输技术要求、包装材料要求、有害生物控制和检验规则。

本文件适用于西凤酒专用高粱的仓储和运输。

2 规范性引用文件

下列文件中的内容通过文中的规范性引用而构成本文件必不可少的条款。其中，注日期的引用文件，仅该日期对应的版本适用于本文件；不注日期的引用文件，其最新版本（包括所有的修改单）适用于本文件。

GB 5009.3 食品安全国家标准 食品中水分的测定；

GB/T 5491 粮食、油料检验 扦样、分样法；

GB/T 8946 塑料编织袋通用技术要求；

GB/T 22184 谷物和豆类 散存粮食温度测定指南；

GB/T 29402.1 谷物和豆类储存第 1 部分：谷物储存的一般建议；

GB/T 29402.2 谷物和豆类储存第 2 部分：实用建议；

GB/T 29402.3 谷物和豆类储存第 3 部分：有害生物的控制；

GB/T 29890 粮油储藏技术规范；

NY/T 658 绿色食品 包装通用准则。

3 仓储管理要求

3.1 仓库建设

3.1.1 仓库应远离污染源、危险源，避开行洪和低洼水患地区。

3.1.2 仓库围护结构应能够安全承载粮堆及环境的动、静荷载。

3.1.3 仓库的其他建设要求应符合 GB/T 29402.2 的规定。

3.2 仓储设施

仓储建筑设施良好，不漏雨、阳光不直射，具有防虫、防鼠、防火、防盗、防污染设施，同时应安放安全警示标识及温、湿度控制设施。

3.3 仓储管理

3.3.1 远离有毒有害物质或含水量较高的物质。

3.3.2 定期进行清洁、清理。

3.4 仓储环境

应符合 GB/T 29402.1 的规定。

3.5 堆放

3.5.1 原料、半成品、成品、包装材料等应依据性质的不同分设贮存场所，分区域码放。具有明显的仓储标识和通道，防止交叉污染。

3.5.2 原料堆放时，垫板与地面间距离应大于 20 cm，堆垛应离四周墙壁 50 cm 以上，堆垛与堆垛之间保留 50 cm 以上通道。

3.5.3 散积堆放的高粱应符合 GB/T 29402.2 的规定。

3.6 出入库

3.6.1 应遵循先进先出的原则。

3.6.2 真空包装产品应在库内存放 4 h 后才可发货，以防止漏气。

3.6.3 定期检查高粱仓储质量和卫生情况，及时清除变质或超过保存期的原料。

3.7 记录

3.7.1 做好搬运设备、贮藏设施和容器的使用登记表或核查记录。

3.7.2 详细记载出入库产品的名称、种类、等级、批次、数量、质量、包装情况、运输方式,并保存相应的记录,以便追溯。

4 运输管理要求

4.1 运输工具

4.1.1 运输工具和容器应符合食品安全要求,运输工具的铺垫层、遮盖物等应清洁、无毒、无害。

4.1.2 使用专用运输工具,并在装载产品前对其进行清洁。

4.1.3 运输车辆(箱)底板平整,车体侧壁无破损、无变形。

4.2 运输管理

4.2.1 装运前对产品进行检查核验,在产品、标签与单据三者相符情况下按产品订单进行装货。

4.2.2 产品装运清点完毕后,指定专人核实配货单,将产品安全、及时送达到指定地点交付对方核查验收。

4.2.3 在运输、装卸过程中,外包装及产品标签等有"西凤酒专用高粱"的标志,不得损毁。

5 仓储、运输技术要求

5.1 仓储要求

仓储过程应避光保存。仓储温度-20~25℃,仓储相对湿度≤50%,产品温度≤25℃,产品水分≤13%。

5.2 运输要求

运输过程避光、防潮。

6 包装材料要求

包装材料应符合 GB/T 8946、NY/T 658 的规定。

7 有害生物控制

有害生物控制应符合 GB/T 29402.3 的规定。

8 检验规则

8.1 水分测定按 GB 5009.3 的规定执行。

8.2 温度测定按 GB/T 22184 的规定执行。

8.3 相对湿度按 GB/T 29890 的规定执行。

8.4 粮温低于 15℃时,每月检测 1 次;粮温在 15~25℃时,10~15 天检测 1 次。采样方法按 GB 5491 的规定执行。

主要参考文献

[1] Xie P, Shi J, Tang S, et al. Control of Bird Feeding Behavior by Tannin1 through Modulating the Biosynthesis of Polyphenols and Fatty Acid-Derived Volatiles in Sorghum[J]. Molecular Plant,2019,12:1315-1324.

[2] 高宁. 柳林县高粱机械化收获技术探索[J]. 农业技术与装备,2018(4):22-23.

[3] 河南省地方标准. 高粱田化学除草技术规程(DB41/T 1309-2016)[S] 郑州:河南省质量技术监督局,2017.

[4] 季树太,王佐民,郭书刚. 酿酒高粱研究刍议[J]. 酿酒,2019,46(2):28-30.

[5] 焦少杰. 轮作倒茬及深耕整地在高粱生产中的作用[J]. 黑龙江农业科学,2001(5):38-39.

[6] 辽宁农业科学院. 中国高粱栽培学[M]. 北京:农业出版社,1988.

[7] 辽宁省地方标准. 夏播高粱栽培技术规程(DB21/T 3142-2019)[S]. 沈阳,辽宁省市场监督管理局,2019.

[8] 廖凌衡. 纵向双轴流谷物联合收割机脱粒分离装置的优化设计[D]. 北京:中国农业机械化科学研究院,2010.

[9] 卢庆善,孙毅. 杂交高粱遗传改良[M]. 北京:中国农业科学技术出版社,2005.

[10] 卢庆善. 高粱学[M]. 北京:中国农业出版社,1999.

[11] 内蒙古自治区地方标准. 高粱机械化生产技术规程(DB15/T 1234-2017)[S]. 呼和浩特,内蒙古自治区质量技术监督局,2017.

[12] 内蒙古自治区地方标准. 内蒙古中东部高粱覆膜栽培技术操作规程(DB15/T 884-2015)[S]. 呼和浩特,内蒙古自治区质量技术监督局,2015.

[13] 乔慧琴,白文斌,马宏斌,等. 高粱联合收获技术研究进展[J]. 现代农

业科技,2013(24):217-218.

[14] 屈洋,张飞,王可珍,等.黄淮西部高粱籽粒产量和品质对气候生态条件的响应[J].中国农业科学,2019,52(18):3242-3257.

[15] 屈洋,王可珍,康军科.陕西省高粱生产与产业发展策略[J].中国种业,2016(2):20-21.

[17] 山东省地方标准.高粱栽培技术规程(DB37/T 1561-2020)[S].济南,山东省市场监督管理局,2020.

[18] 山东省地方标准.夏播高粱主要病虫害防治技术规程(DB37/T 3505-2019)[S].济南,山东省市场监督管理局,2019.

[19] 山西省地方标准.高粱渗水地膜精量穴播技术规程(DB14/T 2201-2020)[S].太原,山西省市场监督管理局,2020.

[20] 山西省地方标准.夏播高粱生产技术规程(DB14/T 1489-2017)[S].太原,山西省市场监督管理局,2017.

[21] 四川省泸州市(市州)地方标准.有机高粱病虫害绿色防控技术规程(DB5105/T 20-2019)[S].泸州,泸州市场监督管理局,2019.

[22] 唐玉明.高粱籽粒的酿酒品质研究[J].酿酒,2020,4:45-47.

[23] 王芳.贵州高粱生产全程机械化农机配置[J].贵州大学学报(自然科学版),2020,37(1):59-64.

[24] 王黎明.黑龙江省高粱机械化栽培技术[J].农业技术与装备,2010(9):42-44.

[25] 忻州市地方标准.高粱高产栽培技术规程(DB1409/T 6-2020)[S].忻州,忻州市市场监督管理局,2020.

[26] 徐云云.新型旋风分离清选系统及其在微型谷物联合收割机上的应用[D].洛阳:河南科技大学,2010.

[27] 许建森.汾阳市高粱机械化联合收获技术试验[J].农业技术与装备,2011(1):58-60.

[28] 闫建英.高粱高产机械化栽培技术[J].农业技术与装备,2010(9):20-22.

[29] 伊文静.微型谷物联合收割机旋风分离清选系统工况及结构运动参数研究[D].洛阳:河南科技大学,2012.

[30] 于震文.作物栽培学各论(北方本)[M].北京:中国农业出版

社,2015.

[31] 中华人民共和国国家标准.环境空气质量标准(GB 3095—2012)[S].北京,标准出版社,2012.

[32] 中华人民共和国国家标准.农田灌溉水质标准(GB 5084—2005)[S].北京,标准出版社,2005.

[33] 中华人民共和国国家标准.土壤环境质量　农用地土壤污染风险管控标准(GB 15618—2018)[S].北京,标准出版社,2018.

[34] 中华人民共和国农业行业标准.绿色食品　产地环境质量(NY/T 391—2013)[S].北京,标准出版社,2013.

[35] 中华人民共和国农业行业标准.无公害农产品　种植业产地环境条件(NY/T 5010—2016)[S].北京,标准出版社,2016.

[36] 邹剑秋.高粱育种与栽培技术研究新进展[J].中国农业科学,2020,53(14):2769-3773.